U0170923

园林工程施工技术研究

刘爱敏　张　敏　归春鸣◎著

中国商务出版社
CHINA COMMERCE AND TRADE PRESS

图书在版编目（CIP）数据

园林工程施工技术研究 / 刘爱敏，张敏，归春鸣著
. -- 北京：中国商务出版社，2022.11
ISBN 978-7-5103-4472-5

Ⅰ．①园… Ⅱ．①刘… ②张… ③归… Ⅲ．①园林—
工程施工 Ⅳ．①TU986.3

中国版本图书馆CIP数据核字（2022）第209764号

园林工程施工技术研究

YUANLIN GONGCHENG SHIGONG JISHU YANJIU

刘爱敏　张敏　归春鸣　著

出　　版：中国商务出版社

地　　址：北京市东城区安外东后巷28号　　邮　编：100710

责任部门：教育事业部（010-64283818）

责任编辑：刘姝辰

直销客服：010-64283818

总 发 行：中国商务出版社发行部　（010-64208388　64515150 ）

网购零售：中国商务出版社淘宝店　（010-64286917）

网　　址：http://www.cctpress.com

网　　店：https://shop162373850.taobao.com

邮　　箱：347675974@qq.com

印　　刷：北京四海锦诚印刷技术有限公司

开　　本：787毫米×1092毫米　1/16

印　　张：11.25　　　　　　　　　　字　数：232千字

版　　次：2023年5月第1版　　　　　印　次：2023年5月第1次印刷

书　　号：ISBN 978-7-5103-4472-5

定　　价：75.00元

凡所购本版图书如有印装质量问题，请与本社印制部联系（电话：010-64248236）

 版权所有　盗版必究（盗版侵权举报可发邮件到本社邮箱：cctp@cctpress.com）

前　言

随着城市建设的发展，人们越来越重视环境，特别是环境的美化，园林建设已成为城市美化的一个重要组成部分。园林不仅在城市的景观方面发挥着重要功能，而且在生态和休闲方面也发挥着重要功能。园林工程施工技术不仅是园林专业的一门专业课，目标是培养学生园林工程施工阶段的图纸阅读、施工准备、施工工艺流程、施工操作技术和工程施工质量检测的基本职业技能，还是园林工程施工员、园林工程质量员、园林工程资料员和园林工程监理员必须掌握的职业技术之一。

本书以"园林工程施工技术研究"为选题，在内容编排上共设置六章：第一章阐述园林工程施工的特点与作用、园林工程施工的任务与类型、园林工程施工的阶段与前期准备；第二章分析园林竖向设计及土方工程施工技术，内容包括园林竖向与地形设计、土方工程基础与施工准备、土方工程施工与常见机械；第三章论述园林工程道路线形与结构设计、园林工程道路的路面施工技术、园林工程广场设计施工及环保措施；第四章论述园林建筑小品的功能及施工技术、园林山石的结构及其工程施工技术、园林栽植与绿化工程施工技术；第五章论述园林工程给排水施工技术、园林喷灌工程施工技术、园林水景工程的识别与施工技术；第六章通过园林工程供电与避雷施工技术、园林景观照明与电气材料的识别、园路、水景及绿地照明工程施工技术，论述园林工程电气及照明施工技术。

本书逻辑清晰，内容全面，通过对园林工程技术研究的详细论述，深入分析园林工程技术，对园林工程技术的发展具有一定的参考价值。

本书的撰写得到了许多专家学者的帮助和指导，在此表示诚挚的谢意。由于笔者水平有限，书中所涉及的内容难免有疏漏与不够严谨之处，希望各位读者多提宝贵意见，以待进一步修改，使之更加完善。

目 录

第一章　园林工程施工及准备

第一节　园林工程施工的特点与作用

一、园林工程施工的特点

（一）准备工作复杂

园林工程建设的施工准备工作比一般工程更为复杂多样。我国的园林大多建设在城镇或者在自然景色较好的山、水之间。由于城镇地理位置的特殊性且大多山、水地形复杂多变，给园林工程建设施工提出了更高的要求。特别是在施工准备中，要重视工程施工场地的科学布置，以便尽量减少工程施工用地，减少施工对周围居民生活、生产的影响；其他各项准备工作也要完全充分，才能确保各项施工手段得以顺利实施。

（二）工艺要求严格

园林工程建设的施工工艺要求严、标准高。要建成具有游览、观赏和游憩功能的园林工程建设，做到既能改善人的生活环境，又能改善生态环境的精品园林工程，就必须通过高水平的施工工艺才能实现。因而，园林工程建设施工工艺总是比一般工程施工工艺复杂，标准更高，要求更严。

（三）施工技术复杂

园林工程尤其是仿古园林工程施工，其复杂性对施工人员的技术提出了很高的要求。不同类型的园林有不同的要求。作为艺术精品的园林，其工程建设施工人员不仅要有一般工程施工的技术水平，还要具有较高的艺术修养；以植物造景为主的园林，其施工人员更应掌握大量的树木、草坪、花卉的知识和施工技术。没有较高的施工技术水平，就很难达到园林工程建设的设计要求。

（四）施工专业性强

园林工程建设的内容繁多，专业性极强，因而要求施工人员也要具有较强的专业性。不仅是园林工程建设建筑设施和构件中亭、榭、廊等建筑复杂各异，专业性强，而且现代园林工程建设中的各类小品的建筑施工也各自具有不同的专业要求,如常见的假山、置石、园路、水景、栽植播种等,其专业性也是很强的。这些都要求施工人员必须具备丰富的专业知识和独特的施工技艺。

(五)团队协作配合度高

园林工程建设规模大、综合性强,要求各类型、各工种人员相互配合、协作。现代园林工程建设规模化发展的趋势和集园林绿化、生态、环境、社会、休闲、娱乐、游览于一体的综合性建设目标的要求,使得园林工程建设涉及众多的工程类别和工种技术。在同一工程项目施工过程中,往往要有多个施工单位和多个工种的技术人员相互配合协作才能完成,而各施工单位和各工种的技术差异一般较大,相互配合协作起来有一定的难度,这就要求园林工程施工人员不仅要掌握好自己的专门的施工技术,还必须有相当高的配合协作精神和方法,在同一工种内各工序施工人员高度统一协调,相互监督制约,才能保证施工正常进行。

二、园林工程施工的作用

随着社会经济的发展和科学技术的进步,人们对园林艺术品的要求日益提高,而园林艺术品的产生是靠园林工程建设完成的。园林工程建设主要通过新建、扩建、改建和重建一些工程项目,特别是新建和扩建,以及与其有关的工作来实现的。园林工程施工是完成园林工程建设的重要活动,其作用可以概括为以下 4 个方面。

(一)保证计划的实施

园林工程建设计划和设计得以实施的根本保证。理想的园林工程建设项目计划和先进科学的园林工程建设设计,均须通过现代园林工程施工企业的科学实施才能得以实现。

(二)提升理论水平

园林工程建设理论水平得以不断提高的坚实基础。一切理论都来自于最广泛的生产实践活动。园林工程建设的理论自然源于工程建设施工的实践过程。而园林工程施工的实践过程,就是发现施工中的问题并解决这些问题,从而总结和提高园林工程施工水平的过程。

(三)创造艺术精品

园林艺术的产生、发展和提高的过程,就是园林工程建设水平的不断发展和提高的过程。只有把经过学习、研究、发掘的历代园林艺匠的精湛施工技术及巧妙手工工艺,与现代科学技术和管理手段相结合,并在现代园林工程施工中充分发挥施工人员的智慧,才能创造出符合时代要求的现代园林艺术精品。

(四)锻炼施工队伍

无论是对理论人才的培养,还是对施工队伍的培养,都离不开园林工程建设施工的实践锻炼这一基础活动。只有通过这一基础性锻炼，才能培养出作风过硬、技艺精湛的园林工程施工人才和能适应走出国门要求的施工队伍。也只有力争走出国门，通过国外园林工程施工的实践，才能锻炼和培养出符合各国园林要求的园林工程建设施工队伍。

第二节　园林工程施工的任务与类型

一、园林工程施工的任务

在园林工程中，一般基本建设的任务内容主要如下：

1. 编制建设项目建议书。

2. 研究技术经济的可行性。

3. 落实年度基本建设计划。

4. 根据设计任务书进行设计。

5. 进行勘察设计并编制概（预）算。

6. 进行施工招标。

7. 中标施工企业进行施工。

8. 生产试运行。

9. 竣工验收，交付使用。

其中的 6～9 项均属于实施阶段，也就是园林工程施工的任务。除此之外，根据园林工程建设以植物为主要建园要素的特点，园林工程施工还要增加在工程建设中对植物进行养护、修剪、造型、培养的任务，而这一任务的完成往往需要一个较长的时期。

二、园林工程施工的类型

（一）园林工程基础性工程施工

与园林工程建设有关的基础性工程是指包括在园林工程建设中的应用较多的、起基础性作用的一般建设工程。与园林工程建设有关的基础性工程施工的类型繁多，并随着园林工程建设的综合性、社会性或公益性等的增加而不断增加，现阶段主要有以下 5 个方面。

1. 园林供电工程施工

园林供电工程施工主要包括电源的选择、设计和安装，照明用电的布置与安装，以及供电系统的安全技术措施的制定与落实等工作。在整个施工中始终要以安全、够用、节约为基本原则。在施工中要充分与园林工程建设中的路、景等公共场所紧密结合，既要满足用电的要求，同时又要使供电设施、装备与园路、广场及其他景观融为一体，以取得良好的艺术效果。

2. 园林装饰工程施工

对园林进行装饰设计"极具传统文化意境和审美价值，充分反映对人与空间、人与自然关系的深度思考，具有极高的设计研究价值"。[①] 园林工程建设本身就是一种综合性艺术工程，在各类园林工程建设中为了更好地体现其艺术性，要求对各种景色进行一定的装饰工作，这些都包括在园林工程建设的各类施工过程之中。在园林建筑工程及园林设施施工中，小品的装饰也是一个重要方面。随着人们文化品位的不断提高，园林工程建设的社会效益的不断体现，园林工程建设装饰显得尤为重要。

3. 钢筋混凝土工程施工

随着现代技术、先进材料在园林工程建设中的广泛运用，钢筋混凝土工程已成为与园林工程建设密切相关的工程之一，因而钢筋混凝土工程的施工，也就成为与园林工程建设相关的基础性工程施工的一个重要方面。要求混凝土的强度等级不低于 C30，且采用高强钢筋时不宜低于 C40。与此同时，预应力钢筋混凝土工程和普通钢筋混凝土工程施工，在所选用的方法、设备、操作技术要求等方面也不相同。在大型园林施工企业中，有时又将两者划分为不同的施工类型，以提高施工的精度和技术，满足精品园林工程产品建设的要求。

钢筋混凝土广泛应用于各类工程的结构体系中，所以其工程在整个园林工程建设中占有相当重要的地位。钢筋混凝土工程又可分为普通钢筋混凝土工程和预应力钢筋混凝土工程两大类。预应力钢筋混凝土的结构构件与普通钢筋混凝土的结构构件相比，改善了受抗性，增强了混凝土的受力性能，充分发挥了高强钢材的抗拉性能，提高了钢筋混凝土结构刚度抗烈度和耐久性，并减轻了结构的自重。预应力钢筋混凝土结构中的钢筋和水泥与普通钢筋混凝土结构不同，且预应力钢筋混凝土的施工工艺有先张法、后张法、自锚法和电热法多种，其中以先张法和后张法应用较多。

4. 装配式结构安装工程施工

随着园林工程建设的大规模化和综合性的发展，在园林工程建设过程中，许多园林建筑、构件和设施出现了更多的装配式结构安装工程。所谓装配式结构安装工程，就是用起重机械将其预先在工厂和现场制作的各类构件，按照工程设计图纸的规定在现场组装起来，构成一件完整的园林工程建设的主体建筑的施工过程。

在装配式结构安装工程施工中，要注意做好工程结构构件的制作、加工和订货，以及结构安装前的准备工作。要合理选择安装机械，确定结构安装方法和构件的安装工艺；确定起重机的开行路线；进行构件的现场布置；制订预制构件接头处理方案和安装工程的安全技术措施。

---

① 王振：《江南古典园林装饰设计方法研究》，南京艺术学院 2019 年版，第 3-4 页。

5. 给排水工程及防水工程施工

城市市政建设和园林工程建设施工中都有大量的给排水工程的施工，而在任何一项建筑工程中都有防水的技术要求，因而在与园林工程建设有关的基础性建设施工中就必定存在一种施工类型，即给排水工程的施工和需要防水的工程施工。

园林工程建设施工中的给排水工程施工就是通过一定的管线设施施工，将水的给、用、排3个环节按照一定的给水、用水、排水系统联系起来。园林工程建设给水、用水、排水工程是城市市政工程中给、用、排水工程的一部分，它们之间既有共同点，又有园林工程建设本身的具体要求，而防水工程则是各类工程建筑的共同施工要求。

园林工程建设产品大多是群众休息、游览、观赏，进行各类公益活动的公共场所，离不开水；同时以植物为主体的特点又决定了其对水的需求量多的要求；在复杂地形及构件的高低形状各异的园林工程建设中，往往还有大量的造景用水、排水和自然水分的排除等问题。同时，还要注意地面及屋面的防水问题。这就决定了园林工程建设的给、用、排、防水成为各类园林工程建设的具有共性的基础性工程，只是在侧重点和形式上有所不同。

在给、用、排、防水工程施工中，重点要解决的问题包括：自然水源的调查、选择，给、排水量计算，给水系统、用水系统、排水系统的布置与连接，自然降水与各类污水的排放等。防水工程能确保整个工程不被水侵蚀，其施工必须严格遵守有关操作规程，以保证其工程质量。防水工程包括：地面自然水的防冲刷、防侵蚀的措施，建筑物屋面的防渗、漏水，以及给水系统、排水系统、用水系统的管道渗漏水等。

（二）园林工程建设施工

园林工程建设类型因各地情况不同，建设园林的目的不同，其类型的划分也各异。就施工而言，在基础性工程施工的基础上，其主题内容大致可以分为如下四类。

1. 绿化工程施工

绿化工程就是按照设计要求，植树、栽花、铺（种）草坪使其成活，尽早达到表现效果。根据工程施工过程，可将绿化工程分为种植和养护管理两大部分。种植属短期施工队工程，养护管理则属于长期周期性施工工程。种植工程施工包括一般树木花卉的栽植、大树移植、草坪的铺设及播种草坪等内容。其施工工序如下：

（1）苗木、草皮的选择，包装，运输，贮藏，假植。

（2）树木、花卉的栽植（定点、放线、挖坑、匀苗、栽植、浇水、扶直支撑等）。

（3）辅助设施施工的完成以及种植。

（4）树木、花卉、草坪栽种后的修剪、防病虫害、灌溉、除草、施肥等。

2. 假山与置石工程施工

假山工程施工包括假山工程目的与意境的表现手法的确定、假山材料的选择与采运、假山工程的布置方案的确定、假山结构的设计与落实及假山与周围园林山水的自然结合等内容。在假山工程施工中应始终遵循既要贯彻施工图设计又要有所创新、创造的原则，遵循工程结构基本原理，充分考虑安全耐久等因素，严格执行施工规范，确保工程质量。置石工程施工包括置石目的、意境和表现手法的确定，置石材料的选用与采运，置石方式的确定，置石周围景色、字画的搭配等。

3. 水体与水景工程施工

水景工程是各类园林工程建设中采用自然或人工方式而形成各类景观的相关工程的总称。"水景工程的建设，使水的表现形式丰富化，从单一的死水状态转化为生机勃勃的水景表现形式，其具有较强的流动性、表现性、活跃性，为城市的发展增添一抹生动的色彩。"[1] 其内容包括水系规划、小型水闸设计与建设、主要水景工程（驳岸、护坡和水池、喷泉、瀑布）的建造等。水景工程施工中既要充分利用自然山水资源，又不能造成大量水资源浪费；既要保证各类水景工程的综合利用，又要与自然地形景观相协调；既要符合一般工程中给、用、排水的施工规范，又要符合水利工程的施工要求。在整个施工过程中，还要高度重视防止水资源污染和水景工程完成后试用期内的安全等方面的问题。

4. 园路与广场工程施工

园路与广场工程施工中一般包括放线、准备路槽、铺筑基层、铺筑结合层、铺筑路面和铺设道牙等施工工序。

第三节　园林工程施工的阶段与前期准备

一、园林工程施工的阶段

（一）施工的依据阶段

施工合同签订后，可以办理各种开工手续，要提前 3～5 个月申报。一般小型的绿化工程，由各地、市的园林主管部门审批；但关系到园林建筑，园内市政工程，或土地占用、地下通信管道、环境问题等还需要相应的部门批示。占用公共用地文件、材料配比确认证明、工程施工许可证、工程项目标书、工程机械使用文件、树木采伐许可证、供水用电申请、环境治理报告书及委托文件均须逐项办理。

---

① 徐欢：《城市园林绿化项目中水景工程施工技术探究》，载《绿色环保建材》2021年第01期，第183-184页。

（二）施工的准备阶段

1. 技术准备

按合同要求，审核施工图，体会设计意图。收集技术经济资料、自然条件资料，现场勘察。编制施工预算和施工组织设计，做好技术交底会审工作和预算会审工作。还要制定施工规范、安全措施、岗位职责、管理条例。

确认设计图纸和掌握工地现况，施工单位除了履行承包合同规定的内容外，还得执行设计图纸上的要求。设计图纸中除图纸和施工说明书外，还包括现场说明书和与此相关的注解（注意：合同条款的内容，不同的甲方，要求不尽一致）。乙方有权决定配置临时设施、施工方法及相应的措施。

施工单位必须在工程施工前研究设计图纸的详细内容，掌握设计的意图，确认现场状况。在研讨设计图纸时要注意以下方面：

（1）设计的内容和图纸的关系。

（2）特殊施工说明书的内容。

（3）施工方法。

（4）有无特殊需要预订的材料。

（5）统筹安排，算定工期。

（6）确保工程用地，确认施工现场有无障碍物等。

（7）和有关政府部门及单位进行协商，调整部署。

就施工方来说，对于工程用地进行详细的核对及调整，仍然是一项重要的工作。在确认现场的同时，还要搞好的工作包括：①确认施工位置和用地界线；②确认地上及地下的障碍物；③据地区特点（土地利用状况，有无医院等特殊设施，近邻对工程的影响，交通状况等）；④确认测量基准桩等。

在确认上述事项的同时，施工方要在建设方监督人员在场的情况下，根据设计图纸进行现场调查，消除障碍。发现图纸和现场不一致时，根据规定的手续通知监督人员，进行恰当的处理。

2. 生产准备

各种材料、构配件、施工机具按计划组织到位，做好验收和出入库记录；组织施工机械进场、安装与调试；制订苗木供应计划；选定山石材料等。合理组织施工队伍，制定劳动定额，落实岗位责任，避免窝工浪费。施工方根据设计图纸编制承包预算明细表及工程表，提交建设方并取得确认。考虑作业及材料的调配，制订施工计划，编制日常工程表。施工中，预算明细表及工程表与其他文件并行。

1）施工计划项目。施工计划包括的项目如下：

第一，技术审查项目工程顺序和施工方法、工期、作业量和工程费用、工程表、施工机械的选定、配置和设计临时设施、质量管理计划。

第二，劳务及器材调配的审查项目劳务调配、机械调配、材料调配、搬运计划、选定承包单位和招标。

第三，管理审查项目安全管理、环境保护（防止公害）、现场管理体制、预算书、各种批准手续。

2）施工计划文件。制订施工计划时，应该根据工程的规模和内容来决定必要的项目。制订施工计划与工程施工是并行的。动工前施工方要向建设方提交必要的文件，并得到其认可。需要建设方确认的文件很多，主要确认文件如下：

第一，工程进度表。对施工方和转包单位及技术员进行调整和整顿，保证在规定的工期内竣工并实现安全管理。

第二，设置临时设施的特殊施工说明书。设置临时设施是施工的需要，在工程动工之前就要决定设置的场所。

第三，占用公共用地的文件。当施工需要占用公共用地时，应该得到公共用地管理人员的许可。

第四，使用工程机械的文件。审查主要的机械设备，对于事前无法确定的使用机械，应在计划中陈述并得到承认。

第五，物品制作及检查纲要。工程中需要制作构筑物、机械等时，应编写制作及检查纲要，并得到承认。

第六，材料配比认可书。对预制混凝土或沥青混凝土的材料配合比例及设备应该事先给予确认。

第七，其他。

以上是需要得到建设方认可的行为。在施工计划上涉及工程的其他行为，也需要协商。例如：①地下埋设物件等的处理；②地下水、涌泉的处理；③交通安全措施；④确认有无地下文物；⑤防洪措施。

3. 施工准备与意外情况处理

（1）施工现场准备。有以下5点：

1）界定施工范围，进行管道改线、保护名木古树。

2）施工现场工程测量，设置平面控制点与高程控制点。

3）做好"四通一平"：临时道路应不妨碍工程施工为标准，水电应满足施工要求。

4）搭设临时设施：临时仓库、办公室、宿舍、食堂及必需的附属设施，如抽水泵站、混凝土搅拌站。应遵循节约、实用、方便的原则。

5）劳务、材料调配计划根据施工总体计划，制订劳务招聘及材料调配计划。

（2）意外情况处理。工程是根据设计图纸，按照合同内容进展的。在工程准备中或进行中会发生无法预测的事情，合同图纸上也会出现问题。所以，事先考虑好各种对策是很重要的。当出现设计图纸不适合施工现场实况，以及施工条件发生变更的情况，可以根据法规妥善处理。

1）施工中发生无法预测的事情时，当发现地下埋设物、棺墓和文物等，以及观察到地层急骤变化时，应请示处理。

2）工程上的必要事项在设计图纸和合同图纸上没有明确记载时，需要对软弱地基进行补强或加强保安设施，并对地下水、涌泉加以处理时，应迅速请示处理。

3）在图纸上出现施工问题时，下述情况应立即报告，请示处理：①图纸和现场状况不一致；②图纸相互矛盾，或者出现谬误及遗漏；③在对图纸的解释上发生疑义。

（三）施工的实施阶段

（1）施工初期。

1）根据施工图纸总平面定位图进行现场放样，确定地形、道路、水系及小品的位置和范围，确定植物的栽植位置。

2）根据施工组织方案，安排人员、材料、机械进场；根据不同施工季节，确定不同的施工顺序，合理组织材料进场。

（2）施工中期。

1）根据国家及行业施工标准和规范、园林工程的施工工艺流程，组织实施各项工程（地形、园路、水体、小品、植物等）的施工。

2）解决施工中的常规和突发问题，随时检查各部分的施工质量，确保工程安全、有序地进行。

（3）施工后期。配合工程质量验收，整理工程量签证，报送公司有关部门，做决算，组织人员撤离现场。

（四）施工的验收阶段

工程验收分为交工验收和竣工验收 2 个阶段。

交工验收阶段不一定承担责任，主要工作是：检查施工合同的执行情况，评价工程质量，对各参建单位工作进行初步评价。

竣工验收阶段开始承担责任，主要工作是：对工程质量、参建单位和建设项目进行综合评价，并对工程建设项目做出整体性综合评价。

二者明显区别是：时间上交工验收在前，竣工验收在后；从验收主体来说，交工验收由项目法人组织进行，而竣工验收应由政府相关建设主管部门、管理机构、质量监督机构、造价管理机构等单位代表组成的竣工验收委员会组织进行；性质上来说，交工验收是项目管理机构行为，而竣工验收是一种政府管理机构行为。

（五）施工的养护阶段

后期养护阶段包括园林植物的养护和硬质景观设施的维修。绿化养护是绿化景观能够长时间保持最佳美观状态的关键，园林工程项目建设完成，园林绿化施工单位应该严格遵循园林绿化养护管理的技术标准和操作规范，制定出一套合理、高效、科学、全面的绿化养护管理制度，标准化、科学化地从事园林绿化养护，只有这样才能使园林绿地的景观效果和质量有一个大的提升。

二、园林工程施工的前期准备

（一）组建项目部

项目的组建上实行项目经理（教师）责任制，另配备项目施工员（学生）负责技术、专业负责人员（学生轮换）、安装工长、土建工长、装饰工长、园艺师、预决算员、材料员、治安员、绿化工等，分管各项专业工作。在课程教学的要求下，项目经理部做好精心组织、精心管理、精心施工、创一流品质。各个施工队认真负责，密切配合完成小游园景观工程施工任务。

项目部具备健全的管理制度，针对该工程的特点和合同要求，对工程的施工工期、施工质量、安全生产、文明施工、成本核算下达定量的考核指标，并将定期进行考核，实行动态管理，以适应市场经济的要求。

（二）审阅施工图纸

熟悉和审查施工图纸，掌握设计意图，与设计单位会审，使设计的方案在质量、功能、艺术性等方面完全体现，为施工扫除障碍。审图的顺序必须按照图纸中编辑好的顺序进行，包括封面、目录、说明等逐一进行，并要注意同一套图纸中前后内容的一致性。

1. 整体审阅

我们首先把自己当作方案设计师和现场施工员，把图纸整体看一遍，结果如下：

（1）明确了继承方案里的理念、空间。

（2）继承扩充设计里的体量、结构、材料等。

（3）方案或扩充不合理的地方有没有进行优化。

（4）图纸没有缺项、漏项。

（5）图纸的索引能对得上号。

（6）图纸设计结构合理。

（7）图纸平立面和结构、大样之间对得上。

（8）每张图（总平面的各个图、各节点图）里该有的内容和规范等完整、正确。

（9）材料、苗木有地方买，造价合理。

（10）设计布局合理。一般施工图也是讲究美观的，一套布局合理的施工图会多少让读图的人在心理上感到愉悦。

（11）文本格式正确。一般文本出现较多的地方多为设计说明，虽然施工图的设计说明不能像写散文一样行云流水，但是书写的格式却要像写文章一样段落合理，条理清晰。

（12）图中必需元素不缺少。无论是总图中或者是详图中，总会有人在一些元素细节上出现问题，如指北针、比例尺、详图图名等等。

（13）标题栏与图纸内容一致。标题栏里工程名称、图纸名称等一定要和图纸的内容相符。

2. 局部审阅

（1）尺寸正确。

（2）标注整齐、合理。（针对不同的尺寸、位置、图纸元素等采用相应的标注方式是否合理，能否说明图纸中设计元素的体量问题，能否指导施工放线的正确进行。）

（3）填充样式一致。图纸中要求每一种填充图案只代表一种物质或材料，不能出现几种图案都代表一种物质或一种图案代表多种物质的情况，在同一张图纸中尤为重要。

（4）文本内容完整。文本叙述是否正确、合理；语言是否简练清晰；层次是否分明；对图纸中内容表达是否准确，无遗漏；是否有错别字及标点错误等问题。

（5）施工做法阐述明确。对于施工图里所阐述的施工工艺是否适合该工程，所选材料是否为该工程实施地域内普遍材料，材料规格是否为常规规格。图纸中涉及的标准术语、参照图集是否正确，对材料规格及样式的称谓是否统一。

（6）工程量核对正确。重中之重，有的图纸中要求给出相关工程量。在进行复核、审核时须慎之又慎。

（三）施工现场准备

按照本项工程的施工要求，在机械设备库和材料仓库准备施工机械用具和部分工程材料，清理有碍工程开展或影响工程稳定的树木、建筑工程物、污染物、危险有害物。

（四）管理施工工程

施工现场由专业的项目经理进行负责和管理，统一安排工期和各阶段的施工任务，由施工员放线，现场的技术人员（水电、土建、绿化等）按照各项工程施工图纸进行分程序、分主次、分阶段协调施工，保证工期顺利完成，如遇特殊情况影响工程施工进度，可由施工方、监理方、工程管理方（甲方）统一协调后再继续施工。

第二章　园林竖向设计及土方工程施工技术

第一节　园林竖向与地形设计

一、园林竖向

竖向设计是指在一块场地上进行垂直于水平面方向的布置和处理。园林用地的竖向设计就是园林中各景点、各种设施及地貌等在高程上如何创造高低变化和协调统一的设计。竖向设计的目的是改造和利用地形，使确定的设计标高和设计地面能够满足园林道路、场地、建筑及其他建设工程对地形的合理要求，保证地面水能够有组织地排除，并力争使土石方量最小。竖向设计的任务就是从最大限度地发挥园林的综合功能出发，统筹安排园内各种景点、设施和地貌景观之间的关系，使地上的设施和地下设施之间、山水之间、园内与园外之间在高程上有合理的关系。

二、地形设计

地形设计是竖向设计的一项主要内容，其内容包括山水布局，峰、峦、坡、谷、河、湖、泉、瀑布等地貌小品的设置，以及它们之间的相对位置、高低、大小、比例、尺度、外观形态、坡度的控制和高程关系等。不同性质的土质有不同的自然倾斜角，山体的坡度一般不宜超过相应的土壤自然安息角。水体岸坡的坡度也要按有关规范进行设计和施工。水体的设计还应解决水的来源、水位控制和多余水的排放问题。

第二节　土方工程基础与施工准备

一、土方工程基础

在园林建设中，首要的工程就是地形的整理和改造。山水是中国园林的骨架，大凡园筑，必先动土。动土范围广泛，或场地平整，或凿水筑山，或挖沟埋管，或开槽铺路，或修建景观建筑和构筑物等。整地工程和土方工程是造园工程中的主要工程项目，特别是大规模的挖湖堆山、整理地形的工程。这些项目的工期长、工程量大、投资大、艺术要求高。施工质量的好坏直接影响到景观质量和以后的日常维护管理。

公园地形应顺应自然，充分利用原地形。这样可以减少土方工程量，从而节约工力，降低基建费用。多用小地形，少用或不用大规模的挖湖堆山，也是节约土方量的办法。在满足设计意图的前提下，尽量减少土方的施工量，节约投资和缩短工期，对整个建园工作具有重大意义。

在进行土方工程之前，一般都有一些内业工作，如进行土方计算、土方的平衡调配等。通过进行土方工程的计算可以明确了解园内各部分的填、挖情况及动土量的大小。对投资方、设计者以及施工方三者均有好处。对投资方来说，可以根据计算的土方量进行概预算，从而确定投资额；对设计者来说，可以修订设计图中的不合理的地方；对施工方来说，计算所得的资料可以为施工组织设计提供依据，合理地安排人、财、物，做到土方的有序流动，提高工作效率，从而缩短工期，节约投资。

在施工过程中需要施工人员具体计算整个施工区域各部分的施工量和土方调配方案，这是进行园林土方工程的首要任务，在此基础上才有施工准备和施工组织设计与具体的施工。

园林建设工程中的土方工程也有不同于其他建设工程的特殊的地方，就是在进行土方工程的同时要考虑园林植物的生长。植物是构成风景的重要因素，现代园林的一个重要特征是植物造景。"对于园林景观的设计而言，植物造景是非常重要的措施，其可以为园林构建良好的生态环境，以植物景观来提高园林景观的美感。"[①] 植物生长所需要的多样的生态环境对园林建设的土方工程提出了较高的要求。另外，公园基地上也会保留一些有价值的古树，为了更有效地保存这些树木。通过土方工程还应合理地改良土壤的质地和性质，以利于植物的生长。因此说土方工程与后面的公园设施工程或种植工程有密切关系，是公园建设的基础工程，该项工程的好坏直接关系到公园设施的质量，对树木的生长和公园未来的发展影响深远。

二、土方工程施工准备

土方施工准备工作包括研究和审查图纸，查勘施工现场，编制施工方案，准备人员、机具及物资，清理场地，施工排水，定点放线和修建临时设施及道路，是一项比较艰巨的工作，故准备工作和组织工作不仅应该先行，而且要周全仔细。"土方工程作为单井管线建设工程施工中的重要环节，对单井管线建设质量和安全有着重要的影响，对其施工技术展开并进行探析具有重要的现实意义。"[②]

---

① 张青琳：《植物造景在园林景观设计中的应用探讨》，载《居舍》2022 年第 18 期，第 124–127 页。

② 韩明明：《单井管线建设土方工程施工技术探析》，载《当代化工研究》2022 年第 01 期，第 186–188 页。

（一）研究审查图纸

研究和审查的内容如下：

(1) 检查图纸和资料是否齐全，核对平面尺寸和标高，图纸相互间有无矛盾和错误。

(2) 掌握设计内容及各项技术要求，了解工程规模、特点、质量要求和工程量。

(3) 熟悉土层地质、水文勘察资料。

(4) 会审图纸，搞清构筑物与周围地下设施管线的关系，图纸相互间有无错误和冲突。

(5) 研究并确定好开挖程序，明确各专业工序间的配合关系、施工工期要求。

(6) 向施工人员进行技术交底。

（二）查勘施工现场

为给施工规划和准备提供可靠的资料和数据，应提前摸清工程场地情况，收集施工所需要的各项资料，包括施工场地的地形、地貌、地质水文、河流、运输道路、植被、邻近建筑物、地下基础、气象、管线、电缆坑基、防空洞、地面上施工范围内的障碍物和堆积物状况以及供水、供电、通信情况和防洪排水系统等。

（三）编制施工方案

施工方案如下：

(1) 研究制订现场场地整平、土方开挖施工方案。

(2) 绘制施工总平面布置图和土方开挖图，确定开挖的路线、顺序、范围、底板标高、边坡坡度、排水沟的水平位置，以及挖去的土方堆放地点。

(3) 提出须用施工机具、劳力、推广新技术计划。

(4) 若深开挖还应提出支护、边坡保护和降水方案。

（四）人员注意事项

准备人员应做到的事情如下：

(1) 搞好设备调配，对进场挖土、运输车辆及各种辅助设备进行试运转和维修检查，并运至使用地点就位。

(2) 准备好施工及工程用料，并按施工平面图要求堆放。组织并配备土方工程施工所需各专业技术人员、管理人员和技术工人。

(3) 组织安排好作业班次。

(4) 制定完善的技术岗位责任制和技术、质量、安全、管理网络，建立技术责任制和质量保证体系。

(5) 对拟采用的土方工程新机具、新工艺、新技术，组织力量进行研制和试验。

（五）清理施工场地

在施工场地范围内，应清理掉妨碍工程的开展或影响工程稳定的地面物或地下物。

（1）伐除树木，将填方高度较小或土方开挖深度大于 50cm 的土方施工、现场及排水沟中的树木连根拔除，并清理树墩。将直径大于 50cm 的大树能保留的应尽量设法保留。

（2）建筑物和地下构筑物的拆除，应根据其结构特点进行拆除工作，并遵照《建筑工程安全技术规范》的规定进行操作。

（3）如果施工场地内的地面下或水下发现有管线通过或其他异常物体时，应立即停工，马上和有关部门协同查清。为避免发生危险或造成其他损失，未查清前，不可动工。

（六）施工排水处理

在施工之前，应设法将施工场地范围内的积水或过高的地下水排走，因为场地积水不仅妨碍施工作业的展开，而且也影响工程质量。在施工区域内设置临时性或永久性排水沟，将地面水排走或排到低洼处，再用水泵排走或疏通原有排水泄洪系统；排水沟的纵向坡度一般不小于 2%；山坡地区，在离边坡上沿 5～6m 处，设置截水沟、排洪沟，阻止坡顶雨水流入开挖基坑区域内，或在需要的地段修筑挡水堤坝阻水。

（1）排除地面积水。在施工之前，应根据施工区地形特点，在场地周围提前挖好排水沟（在山地施工为防山洪，在山坡上应做截洪沟），使场地内排水通畅，场外的水也不致流入。

（2）地下水的排除。排除地下水的方法很多，一般多采用明沟将水引至集水井，并用水泵排出。一般按排水面积和地下水位的高低来安排排水系统时，需要先定出主干渠和集水井的位置，再确定支渠的位置和数目。土壤的含水量大且要求排水迅速地向支渠集中起来，其间距约 1.5m，反之间距可疏些。

在挖湖施工中应先挖排水沟，排水沟应比水体挖深一些。沟可一次挖掘到底，也可依施工情况分层下挖，采用的挖掘方式可根据出土方向决定。

（七）定点放线工作

在清场之后，为了确定施工范围及挖土或填土的标高，应按设计图纸要求，在施工现场用测量仪器进行定点放线工作。为使施工充分表达设计意图，测设时应尽量精确。

1. 平整场地放线

用经纬仪将图纸上的方格测设到地面上，并在每个交点处立桩木，边界上的桩木应按图纸要求设置。

桩木的规格及标记方法：为了方便打入土中，侧面应平滑，下端削尖，桩上应表示出桩号（施工图上方格网的编号）和施工标高（挖土用"+"，填土用"-"）。

2.自然地形放线

挖湖堆山，首先确定堆山或挖湖的边界线。在缺乏永久性地面物的空旷地上时，应先在施工图上画方格网，再把方格网放大到地面上，然后将方格网和设计地形等高线的交点依次标到地面上并进行打桩，桩木上也要标明桩号及施工标高。由于堆山时土层不断升高，桩木可能被土埋没，所以桩的长度应大于每层的标高，用不同颜色标志不同层，以便识别出来。另一种方法是分层放线、分层设置标高度，这种方法适用于较高的山体。

挖湖工程的放线工作和山体的放线基本相同，但由于水体挖深一般较一致，且池底常年在水下，放线可以粗放些，但水体底部应尽可能整平，不留土墩，这对养鱼、捕鱼有利。岸线和岸坡的定点放线应该准确，因为它是水上部分而影响造景，且和水体岸坡的稳定有很大关系。为精确施工，可用边坡样板来控制边坡坡度。

开挖沟槽时，用打桩放线的方法，在施工中桩木容易被移动，严重时会被破坏，进而影响校核工作。因此应使用龙门板。龙门板的构造简单、操作方便。每隔30～100m设龙门板一块（其间距视沟渠纵坡的变化情况而定）。板上应标明沟渠中心线位置和沟上口、沟底的宽度等。为控制沟渠纵坡，板上还要设坡度板。

（八）修建临时设施及道路

根据土方和基础工程规模、工期长短、施工力量安排等修建简易的临时性生产和生活设施（如工具库、材料库、机具库、油库、修理棚、休息棚、菜炉棚等），同时敷设现场供水、供电、供压缩空气（爆破石方用）管线路，并试水、试电、试气。

修筑施工场地内机械运行的道路，主要临时运输道路宜结合永久性道路的布置修筑。道路的坡度、转弯半径应符合安全要求，两侧设排水沟。

第三节　土方工程施工与常见机械

一、土方工程施工

1.保护保存树木等，确认办法保护原有树木等措施，例如用土把树木暂时围起来保护等。

2.砍伐、除根、除草，确认有无残存的根茎和杂草。

3.设置桩木，确认桩位、挖方和填方的控制等设置状况。

4.湿地及地下水的处置措施，确认排水口的设置状况，与甲方协商适当的排水方法。

5.普通地段的填方作业，确认土层的排铺厚度在30㎝以内，确认最大干密度，确认填方状况、均匀紧密。

6.整理栽植地面，确认防止重型机械压固地面的措施，确认地面有无妨碍植物生长的杂物，确认有无透水性不良。

7.平坦地段的表面施工，确认地表面凹凸保持在 6cm 以内，排水坡度为 0.5% 以上。

8.坡面、丘陵地段的治理，确认坡度、线位、高程是否适当，有无滑坡、剥落现象，确认坡面处理是否妨碍栽植。

9.降雨对策，确认临时排水措施和沉砂池状况，防止土砂流失及土沙崩塌。

二、开挖常见机械

机械开挖的常用机械有：推土机、铲运机、单斗挖掘机（包括正铲、反铲、拉铲、抓铲等）、多斗挖掘机、装载机等。

在园林工程中，特别是在园路路基、驳岸、水闸、挡土墙、水池、假山等基础的施工过程中，为了使基础达到一定的强度以保证其稳定，就必须使用各种形式的压实机械把新筑的基础土方进行压实。

（一）推土机

(1) 机械特性。操作灵活，运转方便，工作面小，可挖土、运土，易于转移，行驶速度快，应用广泛。

(2) 作业特点。

1）推平。

2）运距 100m 内的堆土（效率最高为 60m）。

3）开挖浅基坑。

4）推送松散的硬土、岩石。

5）回填、压实。

6）配合铲运机机助铲。

7）牵引。

8）下坡坡度最大 35°，横坡最大为 10°，几台同时作业，前后距离应大于 8m。

(3) 辅用机械。土方挖后运出须配备装土、运土设备，推挖三到四类土，应用松土机预先翻松。

(4) 适用范围。

1）推一到四类土。

2）找平表面，场地平整。

3）短距离移挖回填，回填基坑（槽）、管沟并压实。

4）开挖深度不大于 1.5m 的基坑（槽）。

5）堆筑高 1.5m 内的路基、堤坝。

6）拖羊足碾。

7）配合挖土机从事集中土方、清理场地、修路开道等工作。

（二）铲运机

（1）机械特性。操作简单、灵活，挖土、卸土、填筑、压实，不受地形限制，无须特设道路，准备工作简单，能独立工作，无须其他机械配合能完成铲土、运石等工序，行驶速度快，易于转移，须用劳力少，动力少，生产效率高。

（2）作业特点。

1）大面积整平。

2）开挖大型基坑、沟渠。

3）运距 800～1500m 内的挖运土（效率最高为 200～350m）。

4）填筑路基、堤坝。

5）回填压实土方。

6）坡度控制在 20° 以内。

（3）辅助机械。

开挖坚土时须用推土机助铲，开挖三、四类土宜先用推土机械预先翻松 20～40cm；自行式铲运机用轮胎行驶，适合长距离，但开挖亦须用助铲。

（4）适用范围。

1）开挖含水率 27% 以下的一到四类土。

2）大面积场地平整、压实。

3）运距 800m 内的挖运土方。

4）开挖大型基坑(槽)、管沟，填筑路基等。不适于砾石层、冻土地带及沼泽地区使用。

（三）挖掘机

1. 正铲挖掘机

（1）机械特性。装车轻便灵活，回转速度快，移位方便；能挖掘坚硬土层，易控制开挖尺寸，工作效率高。

（2）作业特点。

1）开挖停机面以上土方。

2）工作面应在 1.5m 以上。

3) 开挖高度超过挖土机挖掘高度时，可采取分层开挖。

4) 装车外运。

(3) 辅助机械。土方外运应配备自卸汽车，工作面应有推土机配合平土、集中土方进行联合作业。

(4) 适用范围。

1) 开挖含水量不大于 27% 的四类土和经爆破后的岩石与冻土碎块。

2) 大型场地整平土方。

3) 工作面狭小且较深的大型管沟和基槽路堑。

4) 独立基坑。

5) 边坡开挖。

2. 反铲挖掘机

(1) 机械特性。操作灵活，挖土卸土多在地面作业，不用开运输道。

(2) 作业特点。

1) 开挖地面以下深度不大的土方。

2) 最大挖土深度 $4 \sim 6m$，经济合理深度为 $1.5 \sim 3m$。

3) 可装车和两边甩土、堆放。

4) 较大较深基坑可用多层接力挖土。

(3) 辅助机械。土方外应配备自卸汽车，工作面应有推土机配合推到附近堆放。

(4) 适用范围。

1) 开挖含水量大的一到三类的砂土或黏土。

2) 管沟和基槽。

3) 独立基坑。

4) 边坡开挖。

3. 拉铲挖掘机

(1) 机械特性。可挖深坑，挖掘半径及卸载半径大，操纵灵活性较差。

(2) 作业特点。

1) 开挖停机面以下土方。

2) 可装车和甩土。

3) 开挖截面误差较大。

4) 可将土甩在两边较远处堆放。

（3）辅助机械。土方外运须配备自卸汽车、推土机，创造施工条件。

（4）适用范围。

1）挖掘一到三类土，开挖较深、较大的基坑（槽）、管沟。

2）大量外借土方。

3）填筑路基、堤坝。

4）挖掘河床。

5）不排水挖取水中泥土。

4. 抓铲挖掘机

（1）机械特性。钢绳牵拉灵活性较差，工效不高，不能挖掘坚硬土；可以装在简易机械上工作，使用方便。

（2）作业特点。

1）开挖直井或沉井土方。

2）可装车或甩土。

3）排水不良也能开挖。

4）吊杆倾斜角度应在 45°以上，距边坡应不小于 2m。

（3）辅助机械。土方外运时，按运距配备自卸汽车。

（4）适用范围。

1）土质比较松软、施工面较狭窄的深基坑、基槽。

2）水中挖取土，清理河床。

3）桥基、桩孔挖土。

4）装卸散装材料。

（四）装载机

（1）机械特性。操作灵活，回转移位方便、快速；可装卸土方和散料，行驶速度快。

（2）作业特点。

1）开挖停机面以上土方。

2）轮胎式只能装松散土方。

3）松散材料装车。

4）吊运重物，用于铺设管道。

（3）辅助机械。土方外运须配备自卸汽车，作业面须经常用推土机平整并推松土方。

（4）适用范围。

1）外运多余土方。

2）履带式改换挖斗时，可用于开挖。

3）装卸土方和散料。

4）松散土的表面剥离。

5）地面平整和场地清理等工作。

6）回填土。

7）拔除树根。

（五）夯土机

1. 内燃式夯土机

（1）机械特点。特点是构造简单、体积小、重量轻，操作和维护简便，夯实效果好，生产效率高，所以可广泛使用于各项园林工程的土壤夯实工作中，特别是在工作场地狭小，无法使用大中型机械的场合，更能发挥其优越性。

内燃式夯土机是根据两冲程内燃机的工作原理制成的一种夯实机械。除具有一般夯实机械的优点外，还能在无电源地区工作。在经常需要短距离变更施工地点的工作场所，更能发挥其独特的优点。

（2）使用要点。

1）当夯机需要更换工作场地时，可将保险手柄旋上，装上专用两轮运输车运送。

2）夯机应按规定的汽油机燃油比例加油。加油后应擦净漏在机身上的燃油，以免碰到火种而发生火灾。

3）夯机启动时一定要使用启动手柄，不得使用代用品，以免损伤活塞。严禁一人启动另一人操作，以免动作不协调而发生事故。

4）夯机在工作中需要移动时，只要将夯机往需要方向略为倾斜，夯机即可自行移动。切忌将头伸向夯机上部或将脚靠近夯机底部，以免碰伤头部或脚部。

5）夯实时夯土层必须摊铺平整。不准打坚石、金属及硬的土层。

6）在工作前及工作中要随时注意各连接螺钉有无松动现象，若发现松动应立即停机拧紧。特别应注意汽化器气门导杆上的开口锁是否松动，若已变形或松动应及时更换新的，否则在工作时锁片脱落会使气门导杆掉入汽缸内造成重大事故。

7）为避免发生偶然点火、夯机突然跳动造成事故，在夯机暂停工作时，必须旋上保险手柄。

8）夯机在工作时，靠近 1m 范围之内不准站立非操作人员；在多台夯机并列工作时，其间距不得小于 1m ；在串列工作时，其间距不得小于 3m 。

9）长期停放时夯机应将保险手柄旋上顶住操纵手柄，关闭油门，旋紧汽化器顶针，将夯机擦净，套上防雨套，装上专用两轮车推到存放处，并应在停放前对夯机进行全面保养。

2. 蛙式夯土机

（1）适用范围。蛙式夯土机是我国在开展群众性的技术革命运动中创造的一种独特的夯实机械。它适用于水景、道路、假山、建筑等工程的土方夯实及场地平整，对施工中槽宽 500mm 以上，长 3m 以上的基础、基坑、灰土进行夯实，以及较大面积的填方及一般洒水回填土的夯实工作等。

（2）使用要点。

1）安装后各传动部分应保持转动灵活，间隙适合，不宜过紧或过松。

2）安装后各紧固螺栓和螺母要严格检查其紧固情况，保证牢固可靠。

3）在安装电器的同时必须安置接地线。

4）开关电门处管的内壁应填以绝缘物。应在电动机的接线穿入手把的入口处套绝缘管，以防电线磨损漏电。

5）操作前应检查电路是否合乎要求，地线是否接好，各部件是否正常，尤其要注意偏心块和带轮是否牢靠。然后进行试运转，待运转正常后才能开始作业。

6）操作和传递导线人员都要戴绝缘手套和穿绝缘胶鞋以防触电。

7）夯机在作业中须穿线时，应停机将电缆线移至夯机后面，禁止在夯机行驶的前方，隔机扔电线。电线不得扭结。

8）夯机作业时不得打冰土、坚石和混有砖石碎块的杂土以及一边硬的填土。同时应注意地下建筑物，以免触及夯板造成事故。在边坡作业时应注意坡度，防止翻倒。

9）夯机前进方向不准站立非操作人员。两机并列工作的间距不得小于 5m ，串列工作的间距不得小于 10m 。

10）作业时电缆线不得张拉过紧，应保证 3～4m 的松余量。递线人应依照夯实线路随时调整电缆线，以免发生缠绕与扯断的危险。

11）工作完毕之后，应切断电源，卷好电缆线，有破损处应用胶布包好。

12）长期不用时，应进行一次全面检修保养，并应存放在通风干燥的室内，机下应垫好垫木，以防机件和电器潮湿损坏。

3. 电动振动式夯土机

适用于含水量小于 12% 和非黏土的各种砂质土壤、砾石及碎石和建筑工程中的地基、水池的基础及道路工程中铺设小型路面、修补路面及路基等工程的压实工作。它以电动机为动力，经二级带减速，使振动体内的偏心转子高速旋转，产生惯性力，使机器发生振动，以达到夯实土壤的目的。

　　振动式夯土机具有结构简单，操作方便，生产率和密实度高等特点，密实度能达到 0.85～0.90，可与 10 t 静作用压路机密实度相比。使用要点可参照蛙式夯土机的有关要求进行。在无电的施工区，还可用内燃机代替电动机做动力。这样使得振动式夯土机能在更大范围内得到应用。

第三章　园林工程道路广场施工技术

第一节　园林工程道路线形与结构设计

一、园林工程的线形

（一）常见园路类型

1. 按园路级别分类

（1）主园路：贯穿于风景区内所有游览区或串联公园内所有景区的，起骨干主导作用的园路。主园路常作为导游路线，对游人的游园活动进行有序的组织和指导。

（2）次园路：又称支路、游览道或游览大道，是宽度仅次于主园路的、贯穿各重要景点或风景地带的重要园路。次园路具有一定的导游性，供游人游览观景用，一般不设计成能够通行汽车的道路。

（3）游步道：游览小道或散步小道，一般供一人或两至三人并肩散步。小路的布置很灵活，平地、坡地、山地、水边、草坪上，花坛群中等到处都可以铺筑游步道。

2. 按园路用途分类

（1）园景路：依山傍水的或有着优美植物景观的游览性园林道路。这种园路的交通性不突出，但是却十分适宜游人漫步游览和赏景。如风景林的林道、滨水的林荫道、花径、竹径、草坪路、汀步路等，都属于园景路。

（2）园景公路：以交通公路为主的通车园路，可以采用公路形式，如大型公园中的环湖公路、山地公园中的盘山公路和风景名胜区的主干道等。园林公路的景观组成比较简单，其设计要求和工程造价都比较低。

（3）绿化街道：主要分布在城市街区的绿化道路。在某些公园规则地形的局部，如在公园主要出入口的内外等，也可采用这种形式。绿化街道的好处是既能突出园路的交通性，又能满足游人散步游览和观赏需要。绿化街道主要是由车行道、分车绿带和人行道绿带构成。

3. 按面层材料分类

(1) 整体路面。特点：平整、耐压、耐磨，用于园路中主要道路。多由沥青、水泥铺筑而成。

(2) 块料路面。特点：坚固平稳、色彩多，用于广场、游步道等。多由方砖等材料铺筑。

(3) 碎料路面。特点：图案精美、做工细致，多用于游步小路。可由瓦片、卵石等铺筑。

（二）园路设计工作

1. 实地勘察

设计前，务必要熟悉设计场地及周围的情况，对环境有一个全面的认识。进行勘察时应注意以下方面：

(1) 了解基地现场的地形地貌情况，并核对图纸。

(2) 了解基地的土壤、地质环境、地下水位、地表积水情况、原因及范围。

(3) 了解基地内原有建筑物、道路、河池及植物种植的情况，要特别注意保护大树和名贵树木。

(4) 了解地下管线（包括煤气管道、供电电缆、电话线、给排水管道等）情况。

(5) 了解园路道路的宽度及公园出入口园路道路的标高。

2. 相关资料

(1) 公园的原地形图：图纸比例 1:500 或 1:1000。

(2) 公园设计图：地形设计图、建筑道路规划图、种植设计图及相关设计说明。图纸比例 1:500 或 1:1000，确定不同园路的性质、交通量、荷载要求和园景特色等。

(3) 搜集水文地质的勘测资料及现场勘察的补充资料。

（三）确定园路宽度

园路的宽度设计也依赖市政道路的设计原则，主要考虑在园路上多人或单人同时行走所需宽度，及兼顾机动车通行出入情况而设置车道数和单车道的宽度。

一般来说，单人步行宽度约 0.6m；双人并排宽度为 1.2m；三人并行的路宽可为 1.8～2.0m。特殊狭窄地带，单人小径可取宽 0.9m。

以机动车道宽度确定主园路的宽度，则要考虑通行的车辆种类。

在机动车中，小型车车身宽度按 2.0m 计；中型车（包括洒水车、垃圾车、喷药车等）按 2.6m 计；大型客车按 3m 以上计。加上行驶中横向安全距离的宽度，则单车道的实际宽度可取的数值是：小汽车 3.0m，中型车 3.5m（不限制行驶速度时）。

在非机动车中，自行车车身宽度按 0.5m 计，伤残人轮椅车按 0.7m 计，三轮车按 1.1m

计，板车按 2.0m 计。加上横向安全距离，非机动车的单车道宽度应为：自行车 1.5m，三轮车 2.0m，轮椅车 1.0m，板车 2.8m。

（四）园路设计形式

园路的平面线形，即园路中心轴线的水平投影形态。主要有以下几种形式。

（1）直线：规则式园林中多用直线形园路，因其平直规则，方便交通。

（2）圆弧曲线：道路转弯交会时，考虑行驶机动车的要求，弯度部分以弧线连接，并具相应转弯半径。

（3）自由曲线：曲率不等且随意变化时即为自由曲线。在以自然式布局为主的园林中，游步道中多用此种线形，可随地形和景物变化而自然弯曲，给人以柔顺协调的感受。

对总体规划已确定的园路平面位置及宽度，应再次核实数据，做到主次分明。在满足交通要求的情况下，道路宽度应趋于下限值，以增加绿地面积。

行车道路转弯半径在满足机动车最小转弯半径条件下，可结合地形、景物灵活处置。园路的曲折迂回应有目的性。一方面曲折应满足地形地物及功能上的要求，如避绕障碍、串联景点、围绕草坪、组织景观、增加层次、延长游览路线、扩大视野等；另一方面应避免无艺术性、功能性和目的性的过多弯曲。

二、园林工程的结构设计

（一）园路工程设计原则

1. 就地取材

园路修建的经费，在整个公园建设投资中占有很大比例。为了节省资金，在园路修建设计时应尽量使用当地材料、建筑废料、工业废渣等。

2. 牢固基土

设计园路时，往往存在对路基强度重视不够的现象。如在公园里我们常看到一条装饰性很好的路面，建成时间很短就变得坎坷不平。一是由于园林地形经过整理后，基土不坚实，修路时未充分夯实；二是园路基层强度不够，在机动车辆通行时路面被压碎。为节省建筑材料，降低造价，提高路面质量，应用薄面、强基、稳基土的做法，保证园路铺筑经济合理、美观耐用。

（二）道路结合层的比较

（1）白灰干砂。施工时操作简单，遇水后会自动凝结，由于白灰体积膨胀，密实性好。

（2）净干砂。施工简便，造价低。经常遇水会使沙子流失，造成结合层不平整。

（3）混合砂浆。由水泥、白灰、砂组成，整体性好，强度高，黏结力强。适用于铺筑块料路面。

（三）园路基层选择标准

基层选择应视气候特点、路基土壤的情况及路面荷载的情况而定，并尽量利用当地材料。

基土较好的地段，且冰冻不严重、基土坚实、排水良好，在铺筑游步道时，只要把路基稍微平整，就可以铺砖修路。

灰土基层：由一定比例的白灰和土搅拌压实而成。"灰土属半刚性基层，因其固有的缩裂特性，会因温度和湿度变化产生裂缝。"[1] 使用较广泛，具有一定的强度和稳定性，不易透水，后期强度近刚性物质。在一般情况下使用一步灰土（压实后为 15cm 厚），在交通量较大或地下水位较高的地区，可采用压实后为 20～25cm 厚的二步灰土。

（四）园路隔温材料选择

在季节性冰冻区，地下水位较高时，为了防止道路翻浆，基层应选择用隔温性能较好的材料。

砂石含水量少，导温率大，该结构的冰冻深度大，如用砂石做基层，需要做得较厚，不经济。

石灰土的冰冻深度与土壤相同，石灰土结构的冻胀量仅次于亚黏土，因此，密度不足的石灰（压实密度小于 85%）土不能防止冻胀。

煤渣石灰土或矿渣石灰土做基质，其材料比例煤渣：石灰：土为 7：1：2，隔温性较好，冰冻深度较浅，在地下水位较高时，能有效地防止冻胀。

第二节　园林工程道路的路面施工技术

一、施工前准备工作

在表面施工前，应将路面基层清扫干净，使基层的矿料大部分外露，并保持干燥。若基层整体强度不足时，则应先予以补强。

为了控制混合料的摊铺厚度，在准备好基层之后，应进行测量放样，即沿路面中心线和四分之一路面宽度处设置样桩，标出混合料摊铺厚度。当采用自动调平摊铺机时，应放出引导摊铺机运行走向和标高的控制基准线。

---

[1] 李宝燕：《改善道路灰土基层土质塑性指数的研究与探讨》，载《城市道桥与防洪》2007 年第 11 期，第 24-27+14 页。

二、洒透层黏层沥青

采用沥青洒布车喷洒透层沥青时，要洒布均匀。当发现有空白、缺边时，应立即用人工补洒，有沥青积聚时应立即刮除。

三、拌制沥青混合料

沥青混合料宜在集中地点用机械拌制，一般选用固定式热拌厂，在线路较长时宜选用移动式热拌机。在拌制沥青混合料之前，应根据确定的配合比进行试样，试拌时，对所用的各种矿料及沥青应严格计量，对试样的沥青混合料进行试验以后，才可以选定施工配合比。

四、沥青混合料运输

运料车在施工过程中应在摊铺机前方 30cm 处停车，不能撞击摊铺机。卸料过程中应挂空挡，靠摊铺机的推进前进。沥青混合料的运输必须快捷、安全，使沥青混合料到达摊铺现场的温度在 145～165℃之间，并对沥青混合料的拌和质量进行检查；当来料温度不符合要求或沥青混合料结团、遭雨淋湿时，不得铺筑在道路上。

五、摊铺和碾压过程

摊铺采用机械方式。沥青混合料摊铺机将运料车的沥青混合料卸在料斗内，经传送器传到螺旋摊铺器，随着摊铺机前进，螺旋摊铺器即在摊铺带宽度上均匀地摊铺混合料，随后捣实，并由摊平板整平。

碾压是用压路机进行碾压，压实后的沥青混合料应符合平整度和压实度的要求，因此，沥青混合料每层的碾压成形厚度不应大于 10cm，否则，应分层摊铺和压实，其碾压过程分为初压、复压和终压 3 个阶段。

初压是在混合料摊铺后较高温度下进行，宜采用 60～80kN 双轮压路机慢速度均匀碾压 2 遍，碾压温度应符合施工温度的要求。初压后应检查平整度、路拱，必要时应予以适当调整。

复压是在初压后，采用重型轮式压路机或振动压路机碾压 4～6 遍，要达到要求的压实度，并无显著痕迹。因此，复压是达到规定密实度的主要阶段。

终压紧接着复压进行，终压选择 60～80kN 的双轮压路机碾压不少于 2 遍，并应消除在碾压过程中产生的痕迹和确保路表面的良好平整度。

六、接缝修边及养护

沥青路面的接缝施工，包括纵缝、横缝和新旧路的接缝等。

（1）摊铺时，采用梯队作业的纵缝用热接缝。施工时，将已铺混合料部分留下 10～20cm 宽暂不碾压，作为后摊铺部分的高程基准面，在最后做跨缝碾压以消除缝迹。

（2）半幅施工不能采用热接缝时，设挡板或采用切刀切齐。铺另半幅前必须将缝边缘清扫干净，并涂洒少量黏层沥青。摊铺时应在已铺层上重叠 5～10㎝，摊铺后用人工将摊铺在前半幅上面的混合料铲走。碾压时先在已压实路面上行走，碾压新铺层10～15㎝，然后压实新铺部分，再碾过已压实路面 10～15㎝，充分将接缝紧密压实。上下层的纵缝错开 0.5m，表层的纵缝应顺直，且留在车道的画线位置上。

（3）相邻两幅及上下层的横向接缝均错位 5m 以上。上下层的横向接缝可采用斜接缝，上面层应采用垂直的平接缝。铺筑接缝时，可在已压实部分上面铺设些热混合料，使之预热软化，增强新旧混合料的黏结，但在开始碾压前应将预热用的混合料铲除。

（4）平接缝应做到紧密黏结，充分压实，连接平顺。施工可采用下列方法：在施工结束时，摊铺机在接近端部约 1m 处将摊平板稍稍抬起驶离现场，人工将端部混合料铲齐后再碾压。然后用 3m 直尺检查平整度，趁混合料尚未冷透时垂直刨除端部平整度或层厚不符合要求的部分，使下次施工时成直角连接。

（5）在从接缝处继续摊铺混合料前，应用 3m 立尺检查端部平整度，当不符合要求时，予以清除。摊铺时应控制好预留高度，接缝处摊铺层施工结束后，再用 3m 直尺检查平整度，当有不符合要求处，应趁混合料尚未冷却时立即处理。

（6）横向接缝的碾压应先用双轮钢筒式压路机进行横向碾压。碾压带的外侧放置供压路机行驶的垫木，碾压时压路机位于已压实的混合料层上，伸入新铺层的宽度为 15㎝，然后每压一遍向混合料移动 15～20㎝，直至全部在新铺层上为止，再改为纵向碾压。当相邻摊铺层已经成形，同时又有纵缝时，可先用钢筒式压路机沿纵缝碾压一遍，其碾压宽度为 15～20㎝，然后再沿横缝做横向碾压，最后进行正常的纵向碾压。

（7）做完的摊铺层外露边缘应剪切修边到要求的线位，应将修边切下的材料及其他的废弃沥青混合料从路上清除，最后进行养护。当发现有泛油时，应在泛油部位补撒与最后一层矿料规格相同的嵌缝料；当有过多的浮动矿料时，应扫出路外；当有其他损坏现象时，应及时修补。

第三节　园林工程广场设计施工及环保措施

一、园林工程广场设计施工

（一）广场的分类

城市广场是城市居民社会生活的中心，是"城市的客厅"。"城市广场作为城市规划的重要组成部分，承载着城市形象与服务功能的使命。"[①] 具有集会、交通集散、居民游览休息、商业服务及文化宣传等功能。城市广场分类按照广场的主要功能、用途及在城市交通系统中所出现的位置分类可分为集会游行广场（其中包括市民广场、纪念性广场、生活广场、文化广场、游憩广场）、交通广场、商业广场等。但这种分类是相对的，任何一个广场都在一定程度上具备其他类型广场的功能。

1. 按广场使用功能分类

（1）集会性广场：如政治广场、市政广场、宗教广场等。

（2）纪念性广场：如纪念广场、陵园广场等。

（3）交通性广场：如站前广场、交通广场等。

（4）商业性广场：如集市、商贸广场、购物广场等。

（5）文化娱乐休闲广场：如音乐广场、街心广场等。

（6）儿童游乐广场。

（7）附属广场：如商场前广场、大型公共建筑前广场等。

2. 按广场的尺度关系分类

（1）特大广场：特指国家性政治广场、市政广场等。这类广场用于国务活动、检阅、集会、联欢等大型活动。

（2）中小广场：多作为街区休闲活动场所等。

3. 按广场的空间形态分类

（1）开敞性广场：露天市场、体育场等。

（2）封闭性广场：室内商场、体育馆等。

4. 按广场的材料构成分类

（1）以硬质材料为主的广场。以混凝土或其他硬质材料做广场主要铺装材料，分素色和彩色 2 种。

（2）以绿化材料为主的广场，如公园广场、绿化性广场等。

（3）以水质材料为主的广场，如大面积水体造型等。

（二）广场施工准备和技术交底

广场施工前，进行施工图交底，认真阅读施工图，对照施工技术规范及质检标准，制定相应技术措施，检查落实班组的施工准备情况，做到施工质量、进度的事前控制。然后将施工技术方案报请监理工程师审批方可施工。

---

① 杨莹等：《探究城市广场的生态化设计》，载《设计》2022 年第 35 卷第 04 期，第 123-125 页。

1. 材料入场准备

园林广场铺地工程中，由于工程量大，形状变化多，须事先对铺装广场的实际尺寸进行放样，确定边角的方案及广场与园路交接处的过渡方案，然后再确定各种铺装材料的数量。在进料时要把好材料的规格尺寸、强度和色泽一致的质量关。

2. 场地放样与地形复核

首先，按照广场设计图所绘的施工坐标方格网，将所有坐标点测设到场地上并打桩定点。其次，以坐标桩点为准，根据广场设计图，在场地地面上放出场地的边线，主要地面设施的范围线和挖方区、填方区之间的零点线。最后，定出坐标桩点标高，注意尽量采用共同基准点。

地形复核，对照广场竖向设计图，复核场地地形。各坐标点、控制点的自然地坪标高数据，有缺漏的要在现场测量补上。

（三）广场地面的施工注意事项

根据设计标高进行挖填土方。填方时应当先深后浅、先分层填实深处，按施工规范每填一层就夯实一层。挖方时挖出的适宜栽植的肥沃土壤，要临时堆放在广场边，通知监理业主处理。

挖填方工程完成后，对挖填出的新地面进行整理。要铲平地面，使地面平整度限制在 0.05m 内。根据各坐标桩标明的该点填挖高度和设计的坡度数据，对场地进行找坡，保证场地内各处地面都基本达到设计的坡度。根据场地旁存在建筑、园路、管线等因素，确定边缘地带的竖向连接方式，调整连接点的地面标高。确认地面排水口的位置，调整排水沟管底部标高，使广场地面与周边地平的连接更自然，与排水、通道等方面的矛盾降到最低。

机械开挖应预留 10～20cm 的余土采用人工挖掘；当挖掘过深时，不能用土或细石等回填。当挖土达到设计标高后，可用打夯机进行素土夯实，达到设计密实度。当打夯机的夯头印迹基本看不出时，可用环刀法进行密实度测试。如果密实度尚未达到设计要求，应不断夯实，直到达到设计要求为止。

（四）广场园路器具的管理保存

（1）测量仪器、计量器具必须确定专人保管、专人使用。他人不得随意动用以免造成人为破坏。

（2）损坏的器具须及时申报，修理调换，不得带病工作。

（3）测量仪器、计量器具要定期进行校对、鉴定，严禁使用未经校对过的仪器和器具。

（五）广场园路工程质量保证措施

（1）铺砌前应进行选板试拼，有裂缝、掉角、翘曲和表面缺陷的板块应剔除，品种不同的板块不得混杂使用。

（2）面层铺设应防止板面与基层出现空鼓现象，操作中应注意下承层表面应用钢丝刷清扫干净，浇水湿润并均匀涂刷一层素水泥浆，砂浆铺设必须饱满，水灰比要准确，现场必须有计量配置；在已铺贴的板块上不准站人，铺贴应倒退进行。用与板块同色的水泥浆填缝，然后用软布擦干净粘在板块上的砂浆，在面层铺设后，表面应覆盖、湿润。养护期必须保证7d。

（3）由于板块本身不平、厚度偏差过大（大于 $\pm 0.5mm$）、铺贴操作不当、未找平或铺贴后过早上人踩踏等原因，容易出现相邻两块板高低不平。若发生高低不平应进行处理，必要时用磨光机仔细磨平抛光。

（六）广场园路的成品防护相关内容

（1）成立工地成品保护小组，全面负责并组织实施工地的成品保护制度，加强成品保护教育。

（2）各工序之间要办理交接手续，明确上一道工序成品有无损坏或丢失并做好记录，并向有关部门报告。

二、园林工程广场环保措施

园林广场环保措施有以下6点：

1.文明施工，保护现场周围环境，全面规划，综合治理，采取一切合理措施，保证施工现场周围的污染减少至最低限度。

2.运输机械尽可能采用排烟少、污染少的设备。

3.保护自然，对树木花草及农作物施工现场设置防护措施。

4.禁止随意倾倒工程垃圾和废弃物，防止水污染，及时清理垃圾。午休及夜间尽量避免噪声大的施工机械施工。

5.每天对施工地段定期洒水，避免尘土飞扬。

6.严格遵守相关的法律法规和所在地的施工防护要求。

第四章　园林工程景观建筑小品与绿化施工技术

第一节　园林建筑小品的功能及施工技术

一、园林建筑与园林建筑小品

园林建筑是指在园林绿地内，具有使用功能，同时又与环境构成优美的景观，以供游人游览和使用的各类建筑物或构筑物。它和山水、植物一样，是重要的造园素材，并在园林中起到画龙点睛的作用，所以园林建筑具有使用和造景的双重功能。园林建筑的形式和种类是非常丰富的，一般常见的有亭、廊、水榭、花架、塔、楼、舫以及厅、堂等。除园林建筑外，园林绿地中还分布有不少小品性设施，如景门、景墙、景窗、园桌、园椅、园凳、园灯、栏杆、标志牌、果皮箱以及园林雕塑小品等，它们虽然体量小，但起着点缀环境、丰富景观、烘托气氛、加深意境等作用。

（一）园林建筑的特点

园林建筑只是建筑中的一个分支，同其他建筑一样都是为满足某种物质和精神的功能要求而构造的。"传统园林建筑着重意境的创造，寓情于景，情景交融，追求诗情画意的艺术境界，给观者以丰富的信息与精神体验。"[①] 但园林建筑因在物质和精神功能方面与其他建筑不一样而表现出的特点有以下 4 点。

1. 特殊的功能性

园林建筑主要是为了满足人们的休憩和文化娱乐生活要求，艺术性要求高，应该具有较高的观赏价值并富于诗情画意。也就是说园林建筑除了具有一定的使用功能外，更应具备一定的观赏性功能。

2. 设计的灵活性

园林建筑因受到休憩娱乐生活的多样性和观赏性强的影响，在设计时无规可循、受制

---

① 刘阳阳等：《江南园林建筑意境营造方式探究》，载《林业调查规划》2022 年第 47 卷第 01 期，第 183-189 页。

约的强度小，使得其设计的灵活性大。就某个园林绿地而言，园林建筑设计在数量、体量、布局地点、材料、颜色方面都具有很强的自由度，似乎无章可循，但却都是因景而设。这样就使得设计条件空泛和抽象，设计就越显困难，但也给设计者带来很大的设计空间，可以充分体现其艺术风格。

3. 观赏的动态性

园林建筑所提供的空间要能满足游人在动中观景的需要，务求景色富于变化，步移景异。因此，在园林建筑设计时要充分考虑到游人的活动性，使园林建筑所形成的空间富于变化，要在有限的空间中产生令人变幻莫测的感受，掌握建筑空间的"挡"与"引"，"障"与"敞"。

4. 环境的协调性

园林建筑是建筑与园林有机结合的产物，具有园林的特殊性，在园林建筑设计时，应使建筑物有助于增添景色，并与园林环境相协调。在园林中，园林建筑不是孤立存在的，需要与山、水、植物等进行有机结合，相互协调，共同构成一个极具观赏性的景观。

（二）园林建筑小品的特点

园林建筑小品是园林建筑的一部分，除具备园林建筑的某些特点之外，还具备以下3点。

1. 结构简单

园林建筑小品是经过艺术处理，具有独特的观赏和使用功能的小型建筑构筑物。因此，园林建筑小品体量一般都不大，结构简单。

2. 造型别致

园林建筑小品在园林中往往起到画龙点睛的作用。因此，具有吸引游人视线的作用，在造型上要充分考虑与周围环境的特异性，要富有情趣。

3. 装饰性强

园林建筑小品在园林景观中具有较强的装饰性，一方面园林建筑小品在室内外空间运用时须通过精心加工；另外一方面园林建筑小品具有艺术化、景致化的作用，增添园林气氛。

园林建筑小品以其丰富多彩的内容和造型活跃在古典园林、现代园林、游乐场、街头绿地、居住小区游园、公园和花园之中。但在造园上它不起主导作用，仅是点缀与陪衬，即所谓"从而不卑，小而不卑，顺其自然，插其空间，取其特色，求其借景"。力争人工中见自然，给人以美妙意境，情趣感染。

（三）园林建筑小品的功能

按照园林建筑小品的使用功能不同可以划分为：

（1）服务性建筑小品（园灯、垃圾箱等），具有服务功能。

（2）休息性建筑小品（园桌、园凳等），具有提供休息的功能。

（3）管理性建筑小品（园墙、栏杆等），具有一定的安全防护作用。

（4）宣传廊、标志牌等还具有一定的科普和宣传教育功能。

（四）园林建筑小品的造景作用

（1）组景作用。在园林设计中常常使用建筑小品把外界的景色组织起来，使园林意境更为生动，画面更富诗情画意。如我国古典园林中常利用门洞、门窗、墙将园林中的景色有效地组织在某个画面中，使园林景观更丰富，层次更深远。

（2）烘托主景。一般园林建筑在设计时，都以园林建筑小品作为配景，从而烘托主景（园林建筑）。园林建筑小品还可做其他园林要素的配景，如草坪周围的栏杆、树下的石凳等，都是作为配景而使用，从而起到很好的烘托主景的作用。

（3）作为主景。一些园林建筑小品在园林中可以作为主要的景观，如园林中的雕塑等都可做局部景观的主景。

（4）装饰作用。利用园林建筑小品装饰性强的特点，在园林中加强某些装饰，使景观更加生动，渲染气氛，增强空间感染力。

（五）园林建筑小品的创作要求

园林建筑小品的创作要求具体有：

（1）立其意趣，根据自然景观和人文风情，设计构思景点中的小品。

（2）合其体宜，选择合理的位置和布局，做到巧而得体，精而合宜。

（3）取其特色，充分反映建筑小品的特色，把它巧妙地融合在园林造型之中。

（4）顺其自然，不破坏原有风貌，做到涉门成趣，得景随形。

（5）求其因借，通过对自然景物形象的取舍，使造型简练的小品获得景象丰满充实的效果。

（6）饰其空间，充分利用建筑小品的灵活性、多样性以丰富园林空间。

（7）巧其点缀，把需要突出表现的景物强化起来，把影响景物的角落巧妙地转化成为游赏的对象。

（8）寻其对比，把2种明显差异的素材巧妙地结合起来，相互烘托，显出双方的特点。

二、园林建筑小品的施工技术

（一）景亭施工技术

1. 景亭的构成

景亭一般由亭顶、亭柱（亭身）和台基（亭基）3 部分组成。景亭的体量宁小勿大，形制也应较细巧，竹、木、石、砖瓦等地方性传统材料均可修建。如今更多的是用钢筋混凝土或兼以轻钢、玻璃钢、铝合金、镜面玻璃、充气塑料等新材料组建而成。

（1）亭顶。亭的顶部梁架可用木材制成，也可用钢筋混凝土或金属铁架等。亭顶一般分为平顶和尖顶两类。形状有方形、圆形、多角形、十字形、仿生形和不规则形等。顶盖的材料则可用瓦片、稻草、茅草、木板、树皮、树叶、竹片、石棉瓦、铁皮、铝片、塑胶片等。

（2）亭柱和亭身。亭柱的构造因材料而异。制作亭柱的材料有钢筋混凝土、石料、砖、木材、树干、竹竿等。亭一般无墙壁，因此亭柱在支撑顶部重量及美观要求上都极为重要。亭身大多开敞通透，置身其间有良好的视野，以便于眺望、观赏。柱间下部常设半墙、坐凳或鹅颈椅，以供游人坐憩。柱的形式有方柱（长方柱、海棠柱、下方柱等）、圆柱、多角柱、梅花柱、瓜楞柱、包镶柱、多段合柱、拼贴棱柱、花篮悬柱等。柱的色泽各有不同，可在其表面或绘或雕各种花纹以增加美观。

（3）台基。台基（亭基）多以混凝土为材料，如果地上部分的负荷较重，则须加钢筋、地梁；如果地上部分负荷较轻，如用竹柱、木柱盖以稻草的亭，则只在亭柱部分掘穴以混凝土做基础即可。

2. 景亭的特点

亭子在我国园林中是运用得最多的一种建筑形式。亭子成了为满足人们"观景"与"点景"的要求而通常选用的一种建筑类型。之所以如此，是由于亭子具有如下的一些特点：

（1）在造型上，亭子一般小而集中，有其相对独立而完整的建筑形象。亭的立面一般可划分为屋顶、柱身、台基 3 个部分。

（2）亭子的结构与构造，虽繁简不一，但大多都比较简单，施工比较方便。过去筑亭通常以木构瓦顶为主，亭体不大，用料较小，建造方便。现在多用钢筋混凝土结构，也有用预制构件及竹、石等地方性材料的，都经济便利。

（3）亭子在功能上，主要是解决人们在游赏活动的过程中，驻足休息、纳凉避雨、纵目眺望的需要，在使用功能上没有严格的要求。从园林建筑的空间构图的需要出发，自由安排，最大限度地发挥其园林艺术特色。

3. 亭顶的施工

景亭的顶，以攒尖顶为多，也有用歇山顶、硬山顶、卷棚顶、盏顶的，现代景亭以钢筋混凝土平顶式景亭较多。

攒尖顶在构造上比较特殊，它一般应用于正多边形和圆形平面的景亭上。攒尖顶的各戗脊由各柱中向中心上方逐渐集中成一尖顶，用"顶饰"来结束，外形呈伞状。屋顶的檐角一般反翘。北方起翘比较轻微，显得平缓、持重；南方戗角兜转耸起，如半月形翘得很高，显得轻巧飘洒。

攒尖顶的做法，南、北方不尽相同。北方景亭的做法为：方形的亭子，首先，在四角安抹角梁构成梁架，在抹角梁的正中立童柱或木墩；其次，在其上安檩枋，叠落至顶，在角梁的中心交会点安"雷公柱"，"雷公柱"的上端伸出层面做顶饰，称为宝顶、宝瓶等。宝顶、宝瓶为瓦制或琉璃制，其下端隐在天花内，或露出雕成旋纹、莲瓣之类。六角亭最重要的是：先将檩子的步架定好，两根平行的长扒梁搁在两头的柱子上；在其上搭短扒梁；然后在放射性角梁与扒梁的水平交点处承以童柱或木墩。这种用长扒梁及短扒梁互相叠落的做法在长扒梁过长时显然是不经济的。圆形的攒尖顶亭子基本做法与其相同，不过由于额枋等全须做成弧形的，比较费工费料，因此做得不多。据估计景亭这类建筑，大约每平方米用木材 1m，是相当可观的。

木亭的施工技术的步骤如下：

（1）按照设计图纸把 4 个柱子放好线。

（2）按照设计标高挖好 4 个柱子的基础坑并夯实。

（3）用 C15 的混凝土打好设计的垫层。

（4）用墨线在垫层上标记好基础墩的轮廓，然后沿墨线支好模板，用水准仪测好基础最后标高，最后浇筑 C15 的混凝土并放上预埋铁件。

（5）待混凝土硬化后，在铁件上焊上 4 个 H 型钢，然后在 H 型钢槽内垫上木头，最后用木板包住 H 型钢。

（6）用吊车把做好的亭子顶吊在 4 个 H 型钢上固定。

（7）刷上油漆。

（三）园凳施工技术

1. 园凳的材料

常用施工材料：园桌、园椅、园凳可用多种材料制作，有木、竹材料，还有钢铁、铝合金、钢筋混凝土、塑胶以及石材、陶、瓷等。有些材料制作的桌椅还必须用油漆、树脂涂抹或瓷砖、马赛克等装饰表面，其色彩要与周围环境相协调。

常用施工材料一般分为人工材料和自然材料 2 种。

（1）人工材料。可采用金属、水泥、砖材、陶瓷品、塑胶品等。仿木混凝土材料造型独特，构思巧妙，是园林环境的点缀。另外，如果将仿天然石材的坐凳与仿木护栏相结合，则可增添浓郁的乡村风情。

（2）自然材料。采用一段折断的树桩，一个随意的天然石块，一个童话世界中的木桶，都能给游人带来意想不到的视觉收获，装点着整个园林环境。

1）土石：石板、石片等。

2）木材：原木、木板、竹、藤等材质亲和力强，塑造方便，清爽凉快。

3）玛瑙：材质自然，十分美观，但造价昂贵。

2. 园凳的形式

园椅、园凳要求造型美观，坚固舒适，构造简单，易清洁，耐日晒雨淋。其图案、色彩、风格要与环境相协调。常见形式有直线长方形、方形；曲线环形、圆形；直线加曲线；仿生与模拟形等。

3. 园凳的施工

（1）施工方法。

1）根据设计图在地面上放出园凳的位置。

2）对于在工厂里生产的园凳，运到施工现场后按照设计图所定的位置，直接安装即可。

3）园凳常用的做法有：钢管为支架，木板为面；铸铁为支架，木条为面；钢筋混凝土现浇；水磨石预制；竹材或木材制作；利用自然山石稍经加工而成。在条件允许的地区，还可采用大理石等名贵材料，或用色彩鲜艳的塑料、玻璃纤维来制作。

（2）施工要点。

1）施工注意事项：①园凳主要设置在路旁或嵌入在绿篱的凹处，围绕林荫大树的树干设置，既保护了大树，又提供了乘凉之所；②园凳可以散布在树林里，有的与石桌配套安放在树荫下；③园凳宜简单朴实、舒适美观、制作方便、坚固耐久；④园凳的色彩风格、高矮均要与周围环境相协调；⑤园凳的基础一定要做得坚实可靠，和柱脚的结合一定要坚固；⑥基础的顶部最好不露出铺装地面；⑦当两条长凳并排设置时，其顶面和边线要注意调整得协调一致；⑧坐凳的顶面应该采用光洁材料进行抹面或贴面处理，不得做成粗糙表面；⑨要因地制宜地根据其功能的不同而灵活布置，园凳可单独布置也可组合布置，可自由分布，也可有规则地连续布置；⑩采用天然石块或树桩，给游人创造自然的效果，产生一定的情趣，但要注意不能有棱角，防止钩破游人的衣物或弄伤游人的皮肤；⑪凳面形状要考虑就座时的舒适感，凳面宜光滑不存水。

对于竹材，其表面均应刮掉竹青，进行沙光，并用桐油或清漆照面两遍。竹材须经防腐、防蛀处理，处理方法有：①用100份水、3.6份硼酸、2.4份硼砂配成溶液，常温下将竹材浸泡48h；②用100份水加1.5份明矾，将竹材置溶液中蒸煮1h；③用3%的氟化钠溶液或 10% 的食盐和石灰水混合液浸泡 24h。

所有竹凳表面都无须加任何底色,尽可能保持竹材本身的色彩、质感,使其保持真正的质朴、自然。

2) 配色与装饰。园凳色彩须与自然环境协调,色泽柔和,配色要合理,要符合定制,使人看着舒服。

第二节 园林山石的结构及其工程施工技术

一、园林山石的结构

(一)假山

1. 假山的构成

假山是指用人工的方法堆叠起来的山,是仿自然山水经艺术加工而制成的。一般意义的假山实际上包括假山和置石两部分。

(1)假山。假山是以造景、游览为主要目的,充分地结合其他多方面的功能作用,以土、石等为材料,以自然山水为蓝本并加以艺术的提炼和夸张,用人工再造山水景物的统称。假山一般体量比较大,可观可游,使人有置身于自然山林之感。

(2)置石。置石是指以山石为材料做独立性造景和做附属性的配置造景布置,主要表现山石的个体美或局部组合,不具备完整的山形。置石体量一般较小而分散,主要以观赏为主。

2. 假山的分类

根据使用的土、石料的不同,假山可分为以下 4 种。

(1)土山。土山指完全用土堆成的山。

(2)土多石少的山。山石用于山脚或山道两侧,主要是固土并加强山势,也兼造景作用。

(3)土少石多的山。土形四周和山洞用石堆叠,山顶和山后则有较厚土层。

(4)石山。石山指完全用石堆成的山。

3. 假山的品类

(1)太湖石(南太湖石)。太湖石是一种石灰岩石块,因主产于太湖而得名。其中以洞庭湖西山消夏湾太湖石一带出产的湖石最著名。好的湖石有大小不同、变化丰富的窝或洞,有时窝洞相套,疏密相通,石面上还形成沟缝坳坎,纹理纵横。湖石在水中和土中皆有所产，尤其是水中所产者，经浪雕水刻，形成玲珑剔透、瘦骨突兀、纤巧秀润的风姿，常被用作特置石峰，以体现秀奇险怪之势。

（2）房山石（北太湖石）。房山石属砾岩，因产于北京房山区而得名。又因其某些方面像太湖石，因此亦称北太湖石。这种石块的表面多有蜂窝状的大小不等的环洞，质地坚硬、有韧性，多产于土中，色为淡黄或略带粉红色，它虽不像南太湖石那样玲珑剔透，但端庄深厚典雅，别是一番风采。年久的石块经风吹日晒后变为深灰色，更有俊逸、清幽之感。

（3）黄石与青石。黄石与青石皆为墩状，形体顽夯，见棱见角，节理面近乎垂直。色橙黄者称黄石，色青灰者称青石，系砂岩或变质岩等。与湖石相比，黄石堆成的假山浑厚挺括、雄奇壮观，棱角分明，粗犷而富有力感。

（4）青云片。青云片是一种灰色的变质岩，具有片状或极薄的层状构造。在园林假山工程中，横纹使用时称为青云片，多用于表现流云式叠山。变质岩还可以做竖纹使用，如做剑石，假山工程中有青剑、慧剑等。

（5）象皮石。象皮石属石灰岩，在我国南北广为分布。石块青灰色，常夹杂着白色细纹，表面有细细的粗糙皱纹，很像大象的皮肤，因之得名。一般没有什么透、漏、环、窝，但整体有变化。

（6）灵璧石。"号称四大名石之首的灵璧石，古往今来，不知多少文人骚客、达官贵人为之痴迷，演绎了一个又一个动人的故事。"[①] 灵璧石又名磬石，产于安徽省灵璧县磬山，石产于土中，被赤泥溃满，用铁刀刮洗方显本色。石中灰色，清润，叩之铿锵有声。石面有坳坎变化，可顿置几案，亦可掇成小景。灵璧石掇成的山石小品，峙岩透空，多有宛转之势。

（7）英德石。英德石属石灰岩，产于广东省英德市含光、真阳两地，因此得名。粤北、桂西南亦有。英德石一般为青灰色，称灰英。亦有白英、黑英、浅绿英等数种，但均罕见。英德石形状瘦骨铮铮，嶙峋剔透，多皱折的棱角，清奇俏丽。石体多皴皱，少窝洞，质稍润，坚而脆，叩之有声，亦称音石。在园林中多用作山石小景。

（8）石笋和剑石。这类山石产地颇广，主要以沉积岩为主，采出后宜直立使用，形成山石小景。园林中常见的有以下类型。

1）子母剑或白果笋。这是一种角砾岩。在青色的细砂岩中，沉积了一些白色的角砾石，因此称子母石。在园林中做剑石用时称"子母剑"。又因此石沉积的白色角砾岩很像白果（银杏的果），因此亦称白果笋。

2）慧剑。色黑如炭或青灰色，片状形似宝剑，称"慧剑"。

3）钟乳石笋。将石灰岩经熔融形成的钟乳石用作石笋以点缀园景。北京故宫御花

① 王晨等：《浅谈灵璧石》，载《艺术品》2018年第01期，第44-49页。

园中有用这种石笋作为特制小品。

（9）木化石。地质学上称硅化木，是古代树木的化石。亿万年前，树木被火山灰包埋，因隔绝空气未及燃烧而整株、整段地保留下来。再由含有硅质、钙质的地下水淋滤、渗透，矿物取代了植物体内的有机物，木头变成了石头。

以上是古典园林中常用的石品。另外，还有黄蜡石、石蛋、石珊瑚等，也用于园林山石小品。总之，我国山石的资源是极其丰富的。

4.假山的布置

（1）选石。选石工作需要掌握一定的识石和用石技巧。

1）选石的步骤。第一，选择主峰或孤立小山峰的峰顶石、悬崖崖头石、山洞洞口石，选到后分别做上记号，以备使用。第二，接着选留假山山体向前凸出部位的用石，山前山旁显著位置上的用石以及土山坡上的石景用石等。第三，应选好一些重要的结构用石，如长而弯曲的洞顶梁用石，拱券式结构所用的券石、洞柱用石、峰底承重用石、斜立式小峰用石等。第四，选择其他部位的用石，则在叠石造山中随用随选，用一块选一块。总之，山石选择的步骤应是：先头部后底部，先表面后里面，先正面后背面，先大处后细部，先特征点后一般区域，先洞口后洞中，先竖立部分后平放部分。

2）山石尺寸的选择。在同一批运到的山石材料中，石块有大有小，有长有短，有宽有窄，在叠山选石中要分别对待。对于主山前面比较显眼位置上的小山峰，要根据设计高度选用适宜的山石，一般应尽量选用大石，以削弱山石拼合峰体时的琐碎感。在山体上的凸出部位或是容易引起视觉注意的部位，也最好选用大石。而假山山体内部以及山洞洞墙处的山石，则可小一些。

大块的山石中，敦实、平稳、坚韧的可用作山脚的底石，石形变异大、石面皱纹丰富的山石则可以用于山顶做压顶的石头。较小的、形状比较平淡而皱纹较好的山石，一般应该用在假山山体中段。山洞的盖顶石、平顶悬崖的压顶石应采用宽而稍薄的山石。层叠式洞顶的用石、石柱垫脚石可选矮墩状山石；竖立式洞柱、竖立式结构的山体表面用石最好选用长条石，特别是需要做山体表面竖向沟槽和棱柱线条时，更要选用长条状山石。

3）石形的选择。除了做石景用的单峰石外，并不是每块山石都要具有独立而完整的形态。在选择山石的形状中，挑选的根据应是山石在结构方面的作用和石形对山形样貌的影响情况。从假山自下而上的构造来分，可以分为底层、中腰和收顶3部分，这3部分在选择石形方面有不同的要求。

假山的底层山石位于基础之上，若有桩基，则在桩基盖顶石之上。这一层山石对石形的要求主要应为顽夯、敦实的形状。选一些块大而形状高低不一的山石，具有粗犷的形态和简括的皱纹，适宜在山底承重和满足山脚造型的需要。

中腰层山石在视线以下者，即地面上1.5m高度以内的，其单个山石的形状也不必特别好，只要能够用来与其他山石组合刻造出粗犷的沟槽线条即可。石块体量也无须很大，一般的中小山石互相搭配使用就可以。

在假山 1.5m 以上高度的山腰部分，应选形状有些变异、石面有一定皱折和孔洞的山石，因为这种部位比较能引起人的注意，所以山石要选用形状较好的。

假山的上部、山顶部分、山洞口的上部以及其他比较凸出的部位，应选形状变异较大、石面皱纹较美、孔洞较多的山石，以加强山景的自然特征。形态特别好且体量较大的、具有独立观赏形态的奇石，可用以"特置"为单峰石，作为园林内的重要石景使用。

4) 山石皱纹的选择。石面皱纹、皱折、孔洞比较丰富的山石，应当选在假山表面使用。石形规则、石面形状平淡无奇的山石，选作假山下部、假山内部的用石。

作为假山的山石和作为普通建筑材料的石材，其最大的区别就在于是否有可供观赏的天然石面及其皱纹。"石贵有皮"，就是说，假山石若具有天然"石皮"，即天然石面及天然皱纹，就是可贵的，是制作假山的好材料。

在假山选石中，要求同一座假山的山石皱纹最好是同一种类，如采用了折带皱类山石的，则以后所选用的也要是相同折带皱类山石；选了斧劈皱的假山，一般就不要再选用非斧劈皱的山石。只有统一采用一种皱纹的山石，假山整体上才能显得协调完整，可以在很大程度上减少杂乱感，增加整体感。

5) 石态的选择。在山石的形态中，形是外观的形象，态却是内在的形象。形与态是一种事物无法分开的 2 个方面。山石的一定形状，总是要表现出一定的精神态势。瘦长形状的山石，能够给人有力的感觉；矮墩状的山石，给人安稳、坚实的印象；石形、皱纹倾斜的，让人感到运动；石形、皱纹平行垂立的，则能够让人感到宁静、安详、平和。为了提高假山造景的内在形象表现，在选择石形的同时，还应当注意到其态势、精神的表现。

6) 石质的选择。山石质地的主要因素是其密度和强度。如作为梁柱式山洞石梁、石柱和山峰下垫脚石的山石，必须有足够的强度和较大的密度。而强度稍差的片状石，则不能选用在这些地方，但可用来做石级或铺地。外观形状及皱纹好的山石，有的是风化过度了，受力很差，这种石质的山石不能选用在假山的受力部位。

7) 山石颜色的选择。叠石造山也要讲究山石颜色的搭配。不同类的山石色泽不一，而同一类的山石也有色泽的差异。"物以类聚"是一条自然法则，在假山选石中也要遵循。原则上的要求是，要将颜色相同或相近的山石尽量选用在一处，以保证假山在整体颜色效果上的协调统一。在假山的凸出部位，可以选用石色稍浅的山石，而在凹陷部位则应选用颜色稍深的山石。在假山下部的山石，可选颜色稍深的，而假山上部的用石则要选色泽稍浅的。

(2) 山体局部理法。叠山重视山体局部景观创造。虽然叠山有定法而无定式，然而在局部山景的创造上 (如崖、洞、涧、谷、崖下山道等) 都逐步形成了一些优秀的程式。

1) 峰。掇山为取得远观的山势以及加强山顶环境的山林气氛，而有峰峦的创作。人工堆叠的山除大山以建筑来突出、加强高峻之势（如北海白塔、颐和园佛香阁）外，一般多以叠石来表现山峰的挺拔险峻之势。山峰有主次之分，主峰居于显著的位置，次峰无论在高度、体积或姿态等方面均次于主峰。峰石可由单块石块形成，也可多块叠掇而成。

峰石的选用和堆叠必须和整个山形相协调，大小比例恰当。巍峨而陡峭的山形，峰态应尖削，具峻拔之势。以石横纹参差层叠而成的假山，石峰均横向堆叠，有如山水画的卷云皴，这样立峰有如祥云冉冉升起，能取得较好的审美效果。

2) 崖、岩。叠山而立岩崖，为的是体现陡险峭拔之美，而且石壁的立面上是题诗刻字的最佳处所。诗词石刻为绝壁增添了锦绣，为环境增添了诗情。如崖壁上若有枯松倒挂，更给人以奇情险趣的美感。

3) 洞府。洞，深邃幽暗，具有神秘感或奇异感。岩洞在园林中不仅可以吸引游人探奇、寻幽，还具有打破空间的闭锁、产生虚实变化、丰富园林景色、联系景点、延长游览路线、改变游览情趣、扩大游览空间等作用。

山洞的构筑最能体现传统假山合理的山体结构与高超的施工技术。山洞的结构一般有梁柱式和叠梁式 2 种，发展到清代，出现了拱券式山洞使用勾带法，使山洞顶壁浑然一体，如真山洞壑一般，而且结构合理。洞的结构有多种形式，如单梁式、挑梁式、拱梁式等。精湛的叠山技艺创造了多种山洞形式结构，有单洞和复洞之分，有水平洞、爬山洞之分，有单层洞、多层洞之分，有岸洞、水洞之分等。

4) 谷。理山谷是掇山中创作深幽意境的重要手法之一。山谷的创作，使山势宛转曲折，峰回路转，更加引人入胜。大多数的谷，两岸夹峙，中间是山道或流水，平面呈曲折的窄长形。凡规模较大的叠石假山，不仅从外部看具有咫尺山林的野趣，而且内部也是谷洞相连，不仅平面上看极尽迂回曲折，而且高程上力求回环错落，从而造成迂回不尽和扑朔迷离的幻觉。

5) 山坡、石矶。山坡是指假山与陆地或水体相接壤的地带，具平坦、旷远之美。叠石山山坡一般以山石与植被相组合，山石大小错落，呈现出入起伏的形状，并适当地间以泥土，种植花木，看似随意的淡、野之美，实则颇具匠心。

石矶，一般指水边突出的平缓的岩石。多数与水池相结合的叠石山都有石矶，使崖壁自然过渡到水面，给人以亲和感。

6) 山道。登山之路称山道。山道是山体的一部分，随谷而曲折，随崖而高下，虽刻意而为，却与崖壁、山谷融为一体，创造了假山可游、可居之意境。

（二）人工塑造山石

1. 人工塑造山石的分类

人工塑造山石是指以天然山岩为蓝本，采用混凝土、玻璃钢等现代材料和石灰、砖石、水泥等非石材料，经雕塑艺术和工程手法人工塑造的假山或石块。这是除了运用各种自然山石材料堆掇外的另一种施工工艺，这种工艺是在继承发扬岭南庭园的山石景园艺术和灰塑传统工艺的基础上发展起来的，具有用真石搬山、置石同样的功能，北京动物园的狮虎山、天津天塔湖南岸的假山即由此种工艺塑造而成。

人工塑造山石根据其结构骨架材料的不同，可分为钢筋结构骨架塑山和砖石结构骨架塑山 2 种。

（1）钢筋结构骨架塑山。钢筋结构骨架塑山以钢材、铁丝网作为塑山的结构骨架，适用于大型假山的雕塑、屋顶花园塑山等。

先按照设计的造型进行骨架的制作，常采用直径为 10～12mm 的钢筋进行焊接和绑扎，然后用细目的铁丝网罩在钢骨架的外面，并用绑线捆扎牢固。做好骨架后，用 1 : 2 水泥砂浆进行内外抹面，一般抹 2～3 遍，使塑造的山石壳体厚度达到 4～6cm 即可，然后在其外表面进行面层的雕刻、着色等处理。

（2）砖石结构骨架塑山。砖石结构骨架塑山以砖石作为塑山的结构骨架，适用于小型塑山石。

施工时，首先，在拟塑山石土体外缘清除杂草和松散的土体，按设计要求修饰土体，沿土体外开沟做基础，其宽度和深度视基地土质和塑山高度而定。其次，沿土体向上砌砖，砌筑要求与挡土墙相仿，但砌筑时应根据山体造型的需要而变化，如表现山岩的断层、节理和岩石表面的凹凸变化等。再次，在表面抹水泥砂浆，修饰面层。最后，着色。其塑形、塑面、设色等操作工艺与钢骨架塑山基本相同。

实践中，人工塑造山石骨架的应用比较灵活，可根据山形、荷载大小、骨架高度和环境情况的不同而灵活运用，如钢筋结构骨架、砖石结构骨架混合使用，钢骨架、砖石骨架与钢筋混凝土并用等形式。

2. 人工塑造山石的优缺点

（1）优点：①好的塑山，无论在色彩上还是在质感上都能取得逼真的石山效果，可以塑造较理想的艺术形象，雄伟、磅礴富有力感的山石景，特别是能塑造难以采运和填叠的原型奇石；②人工塑造山石所用的砖、石、水泥等材料来源广泛，取用方便，可就地解决，无须采石、运石之烦；③人工塑造山石工艺在造型上不受石材大小和形态的限制，可以完全按照设计意图进行造型，并且施工灵活方便，不受地形、地物限制，在重量很大的巨型山石不宜进入的地方，如室内花园、屋顶花园等，仍可塑造出壳体结构的、自重较轻的巨型山石；④人工塑造山石采用的施工工艺简单、操作方便，所以塑山工程的施工工期短，见效快，可以预留位置栽培植物，进行绿化等。

（2）缺点：①由于山的造型、皴纹等细部处理主要依靠施工人员的手工制作，因此对于塑山施工人员的个人艺术修养及制作手法、技巧要求很高；②人工塑造的山石表面易发生皲裂，影响整体刚度及表面仿石质感的观赏性；③面层容易褪色，需要经常维护，不利于长期保存，使用年限较短。

二、园林山石的工程施工技术

（一）假山的施工

1. 假山施工准备

（1）技术准备。施工前要求技术人员熟读假山施工图纸等有关文件和技术资料，了解设计意图和设计要求。由于假山工程的特殊性，一般只能表现出山形的大体轮廓或主要剖面，此时施工人员应按照 1∶10 ～ 1∶50 的比例制成假山石膏模型，使设计立意变为实物形象。

（2）现场准备。施工前必须反复详细地勘查现场，主要内容为"两看一相端"。一看土质、地下水位，了解基底土允许承载力，以保证山体的稳定；二看地形、地势、场地大小、交通条件、给排水的情况及植被分布等；一相端即相石。做好"四通一清"，尤其是道路必须保证畅通，且具备承载较大荷载的能力，避免石材进场对路面造成破坏。

（3）材料准备。选用的黄石在块面、色泽上应符合设计要求，石质必须坚实、无损伤、无裂痕，表面无脱落。峰石的造型和姿态应达到设计的艺术构思要求。

石材装运应轻装、轻吊、轻卸。对于峰石等特殊用途或有特殊要求的石材，在运输时用草包、草绳或塑料材料绑扎，防止损伤。石材运到施工现场后，应进行检查，凡有损伤的不得做面掌石使用。石材运到施工现场后，必须对石材的质地、形态、纹理、石色进行挑选和清理，除去表面尘土、尘埃和杂物，分别堆放备用。

（4）工具与施工机械准备。根据工程量，确定施工中所用的起重机械。准备好施工机械、设备和工具，做好起吊特大山石的使用吊车计划。同时，要准备足够数量的手工工具。按规定地点和方式存放，设专人对其维修保养，并使所有进场设备均处于最佳的运转状态。

（5）施工人员配备。假山工程是一门特殊造景技艺的工程，一般选择有丰富施工经验的假山师傅组成专门的假山工程队，另外还有石工、起重工、泥工、普工等，人数大约为 8 ～ 12 人。根据该工程的要求，由假山施工工长负责统一调度。

2. 假山施工放样

（1）在假山平面设计图上按 1m×1m 的尺寸绘出方格网，在假山周围环境中找到可以作为定位依据的建筑边线、围墙边线或园路中心线，并标出方格网的定位尺寸。

（2）按照设计图方格网及定位关系，将方格网放大到施工现场的地面。利用经纬仪、放线尺等工具将横纵坐标点分别测设到场地上，并在点上钉下坐标桩。放线时，用几条细线拉直连接各坐标桩，表示方格网。然后用白灰将设计图中的山脚线在地面方格网中放大绘出，将山石的堆砌范围绘制在地面上，施工边线要大于山脚线500mm，作为基础边线。

3. 假山挖槽开槽

根据基础大小与深度开挖，挖掘范围按地面的基础施工边线，挖槽深度为800mm厚，采用人工和机械开挖相结合的方式进行开槽，挖出的土方要堆放到合适的位置上。保证施工现场有足够的作业面。

4. 假山基础施工

现代假山多采用浆砌块石或混凝土基础。浆砌块石基础也称为毛石基础。砌石时用M10水泥砂浆。砌筑前要对原土进行夯实作业，夯实度达到标准后，即可进行基础施工。施工方法及详细要求同一般的园林工程基础。

5. 假山选石拉底

所谓拉底，就是在山脚范围内砌筑第一层山石，即做出垫底的山石层。一般这一层选用大块的山石拉底，具有使假山的底层稳固和控制其平面轮廓的作用，因此被视为叠山之本。

具体施工时先用山石在假山山脚沿线砌成一圈垫底石，埋入土下约20cm深作为埋脚，再用满拉底的方式，即在山脚线的范围内用毛石铺满一层，垫成后即成为假山工程的底层。

6. 假山中层施工

中层叠石在结构上要求平稳连贯、交错压叠、凹凸有致，并适当留空，以做到虚实变化，符合假山的整体结构和收顶造型的要求。这部分结构占整个假山体量最大，是假山造型的主要部分。施工过程中应对每一块石料的特性有所了解，观察其形状、大小、重量、色泽等，并熟记于心，在堆叠时先在想象中进行组合拼叠，然后在施工时能信手拈来并发挥灵活机动性，寻找合适的石料进行组合。掇山造型技艺中的山石拼叠实际上就是相石拼叠的技艺。

7. 假山勾缝做法

现代一般用1∶1的水泥砂浆勾缝，勾缝用小抹子，有勾明缝和暗缝2种做法，一般水平方向勾明缝，竖直方向采用暗缝。勾缝时不宜过宽，最好不要超过2cm，如缝隙过宽，可用石块填充后再勾缝。一般采用柳叶抹做勾缝的工具。砂浆可随山石色适当掺加矿物质颜料。勾缝时，随勾随用毛刷带水打点，尽量不显抹纹痕迹。暗缝应凹入石面1.5～2cm，外观越细越好。

8. 假山收顶做脚

收顶是假山最上层轮廓和峰石的布局。由于山顶是显示山势和神韵的主要部分，也是决定整座假山重心和造型的主要部分，所以至关重要，它被认为是整座假山的魂。收顶一般分为峰、峦和平顶 3 种类型，尖曰峰，圆曰峦，山头平坦则曰顶。总之，收顶要掌握山体的总体效果，与假山的山势、走向、体量、纹理等相协调，处理要有变化，收头要完整。

做脚就是用山石堆叠山脚，它是在掇山施工大体完成以后，于紧贴拉底石外缘部分拼叠山脚，以弥补拉底造型的不足。

9. 假山养护

掇山完毕后，要重视勾缝材料的养护期，没有足够的强度时不允许拆支撑的脚手架。在凝固期间禁止游人靠近或爬到假山上游玩，以防止发生意外和危险。凝固期过后要冲洗石面，彻底清理现场，包括山体周边山脉点缀、局部调整与补缺、勾缝收尾、与地面连接、植物配置等，再对外开放，供游人观赏游览。

10. 假山竣工验收

工程竣工验收的主要内容如下：

第一，假山的山体堆砌是否和设计图纸相吻合。

第二，假山的造型是否模拟自然，与周边的环境相匹配。

第三，假山的勾缝隐蔽不影响整体效果。

第四，假山内部结构合理坚固，接头严密牢固。

第五，假山山脚与地面结合严密、自然。

（二）人工塑造山石的工程施工

1. 人工塑造山石施工准备

（1）现场准备。在工程进场施工前派有关人员进驻施工现场，进行现场的准备，其重点是对各控制点、控制线、标高等进行复核，做好"四通一清"，本工程临时用电设施由业主解决，在现场设置二级配电箱，实现机具设备"一机、一箱、一闸、一漏"。施工用水接入点从现有供水管网接入，采用 48mm 口径的钢管接至现场。场区内用水采用 DN25 水管，局部地方采用软管，确保施工便捷，达到工程施工的要求。

（2）技术准备。组织全体技术人员认真阅读假山施工图纸等有关文件和技术资料，并会同设计、监理人员进行技术交底，了解设计意图和设计要求，明确施工任务，编制详细的施工组织设计，学习有关标准及施工验收规范。

（3）机具准备。根据施工机具需要量计划，按施工平面图要求，组织施工机械、设备和工具进场，按规定地点和方式存放，设专人对其维修保养，并使所有进场设备均处于最佳的运转状态。

（4）材料准备。根据各项材料需要量计划组织其进场，按规定地点和方式储存或者堆放。确认砂浆、混凝土实际配合比、钢筋的原材料试验，取拟定工程中使用的砂骨料、石子骨料、水泥送配比实验室，制作设计要求的各种标号砂浆、混凝土试验试块，由试验机械确定实际施工配合比。同时，根据设计使用的各种规格钢筋按规范要求取样，制作钢筋原材料试件、钢筋焊接试件，送试验室进行测试，符合设计要求后再行采购供应，并确定焊接施工的焊条、焊机型号等。

(5) 人员准备。按照工程要求，组织相关管理人员、技术人员等，由于人工塑造山石假山工程的特殊性，要求技术工人必须具备较高的个人艺术修养和施工水平。

2. 人工塑造山石基础放样

按照假山施工平面图中所绘的施工坐标方格网，利用经纬仪、放线尺等工具将横、纵坐标点分别测设到场地上，并在坐标点上打桩定点。假山水池放样要求较细致的地方，可在设计坐标方格网内加密桩点。然后以坐标桩点为准，根据假山平面图，用白灰在场地地面上放出边轮廓线。再根据设计图中的标高找出在假山北侧路面上的标高基准点 ±0.000，利用水准仪测设定出坐标桩点标高及轮廓线上各点标高，可以确定挖方区、填方区的土方工程量。

3. 人工塑造山石基槽开挖

基槽开挖前，对原土地面组织测量并与设计标高比较，根据现场实际情况，考虑降低成本，尽量不外运土方而就地回填消化。考虑基槽开挖的深度不大，在挖土时采用推土机、人工结合的方式进行，开挖基槽时，用推土机从两端或顶端开始（纵向）推土，把土推向中部或顶端，暂时堆积，然后再横向将土推离基槽的两侧，在机械不易施工处，人工随时配合进行挖掘，并用手推车把土运到机械施工处，以便及时用机械挖走。挖方工程基本完成后，对挖出的新地面进行整理，要铲平地面，根据各坐标桩标明的该点填挖高度和设计的坡度数据，对场地进行找坡，保证场地内各处地面都基本达到设计的坡度。

在基槽开挖施工中应注意：挖基槽要按垫层宽度每边各增加 30cm 工作面；在基槽开挖时，测量工作应跟踪进行，以确保开挖质量；土方开挖及清理结束后要及时验收隐蔽，避免地基土裸露时间过长。

4. 人工塑造山石基础施工

本工程基础施工主要为水池部分施工。在基础施工时，须将给排水管道及电缆线路预埋管等穿插施工进行预埋，且要注意防腐。详细做法详见水池喷泉工程施工。

5. 人工塑造山石骨架设置

人工塑造山石假山骨架可根据山形、体量和其他条件选择分别采用的基架结构，如砖基架、钢架、混凝土基架，以及三者的结合。

6. 人工塑造山石钢丝铺设

铺设钢丝网是塑山效果好坏的关键因素，绑扎钢筋网时，选择易于挂泥的钢丝网，须将全部钢筋相交点扎牢，避免出现松扣、脱扣，相邻绑扎点的绑扎钢丝扣成八字形，以免网片歪斜变形，不能有浮动现象。

7. 人工塑造山石打底塑形

塑山骨架及钢丝网完成后，在钢丝网上抹水泥砂浆，掺入纤维性附加料可增加表面抗拉的力量，减少裂缝，水泥砂浆以达到易抹、粘网的程度为好。然后把拌好的水泥砂浆用小型灰抹子在托板上反复翻动，抹灰时将水泥砂浆挂在钢丝网上，注意不要像抹墙那样用力，手要轻，轻轻地把灰挂住即可。抹灰必须布满网上，最为重要的是，各形体的边角一定填满、抹牢，因为它主要起到形体力的作用，最后于其上进行山石皴纹造型。在配制彩色水泥砂浆时，颜色应比设计的颜色稍深一些，待塑成山石后其色度会稍稍变得浅淡；尽可能采用相同的颜色。

以往常用 M 7.5 水泥砂浆做初步塑形，用 M 15 水泥砂浆罩面最后成形。现在多以特种混凝土作为塑形、成形的材料，其施工工艺简单，塑性良好。

8. 人工塑造山石刻画塑体

塑面是指在塑体表面进一步细致地刻画山石的质感、色泽、纹理，必须表现出皴纹、石裂、石洞等。质感和色泽方面根据设计要求，用石粉、色粉按适当的比例配白水泥或普通水泥调成砂浆，按粗糙、平滑、拉毛等塑面手法处理。纹理刻画宜用"意笔"手法，概括简练；自然特征的处理宜用"工笔"手法，精雕细琢。这些表现主要是用砍、劈、刮、抢等手段来完成：砍出自然的断层，劈出自然的石裂，刮出自然的石面，抢出自然的石纹。一个山石山体所表现的真实性与技法、技巧的运用有着密切的关系，塑面操作者要认真观察自然山石、细致模仿自然山石，才能表现出自然山石的效果。

塑面修饰重点在山脚和山体中部。山脚应表现粗犷，有人为破坏、风化的痕迹，并多有植物生长。山腰部分一般在 1.8 ～ 2.5m 处，是修饰的重点，此处追求皴纹的真实应做出不同的面强化力感和棱角，以丰富造型。注意层次，色彩逼真。主要手法有印、拉、勒等。山顶一般在 2.5m 以上，施工时做得不必太细致，以强化透视消失，色彩也应浅一些，以增加山体的高大和真实感。

9. 人工塑造山石设色工艺

设色有 2 种工艺。分别是泼色工艺和甩点工艺。

（1）泼色工艺。采用水性色浆，一般调制 3 ～ 4 种颜色，即主体色、中间色、黑色、白色，颜色要仿真，可以有适当的艺术夸张，色彩要明快。调制后从山石、山体上部泼浇，几种颜色交替数遍。着色要有空气感，如上部着色略浅，纹理凹陷部的色彩要深，直至感觉有自然顺条石纹即可。这个技巧需要通过反复练习才能掌握。

（2）甩点工艺。一种比较简单的工艺。采用这种工艺处理雕塑形体比较简单和粗糙，可遮盖不经意的缺陷。最后可选用真石漆进行罩面。将水性真石漆用水调适后，用喷枪、喷壶喷至着色后的山体上，主要作用是加强表现颜色的真实性，同时使颜色透进水泥层，达到不掉色、防水的作用。

还应注意形体光泽，可在石的表面涂还氧树脂或有机硅，重点部位还可打蜡。青苔和滴水痕的表现也应注意，时间久了，会自然地长出真的青苔。还应注意种植池，其大小和配筋应根据植物（含土球）总重量来决定，并注意留排水孔。

由于新材料、新工艺的不断推出，打底塑形、塑面和设色往往合并处理。如将颜料混合于灰浆中，直接抹上即可加工成形。也可先在加工厂制作出一块块仿石料，运到施工现场缚挂或焊挂在基架上，当整体成形达到要求后，对接缝及石脉纹理进一步加工处理，即可成山。

10. 人工塑造山石养护措施

在水泥初凝后开始养护，要用麻袋片、草帘等材料覆盖养护，避免阳光直射，并每隔2～3小时浇水一次。浇水时，要注意轻淋，不能直接冲射。如遇到雨天，也应用塑料布等进行遮盖。养护期不少于半个月。在气温低于5℃时应停止浇水养护，采取防冻措施，如遮盖稻草、草帘、草包等。假山内部钢骨架等一切外露的金属构件每年均应做一次防锈处理。

11. 人工塑造山石竣工验收

竣工验收时除对内业验收外，还要对外业进行验收，具体的验收内容如下：①假山造型有特色，近于自然；②假山的石纹勾勒逼真；③假山内部结构合理、坚固，接头严密牢固；④假山的山壁厚度达到3～5cm，山壁山顶受到踹踢、蹬击无裂纹损伤；⑤假山内壁的钢筋铁网用水泥砂浆抹平；⑥假山表面无裂纹、无砂眼、无外露的钢筋头、丝网线；⑦假山山脚与地面、堤岸、护坡或水池底结合严密自然；⑧假山上水槽出水口处呈水平状，水槽底、水槽壁不渗水；⑨假山山体的设色有明暗区别，协调匀称，手摸时不沾色，水冲时不掉色。

第三节　园林栽植与绿化工程施工技术

一、园林栽植

（一）乔灌木栽植

乔灌木栽植工程是绿化工程中十分重要的部分，其施工质量直接影响到景观及绿化效果。只有在充分了解植物个体的生态习性和栽培习性的前提下，根据规划设计意图，按照施工的程序和具体实施要求进行操作，才能保证较高的成活率。树木栽植施工程序一般分为现场准备、定点放线、挖穴、起苗、包装与运输、苗木假植、栽植和养护管理等。

1. 整理现场

(1)清理障碍物。在施工场地上,凡对施工有碍的一切障碍物如堆放的杂物、违章建筑、坟堆、砖石块等都要清除干净。一般情况下已有树木凡能保留的尽可能保留。

(2)整理现场。根据设计图纸的要求,将绿化地段与其他用地界限区划开来,整理出预定的地形,使其与周围排水趋向一致。整理工作一般应在栽植前 3 个月以上的时期内进行。

1) 对 8°以下的平缓耕地或半荒地,应根据植物种植必需的最低土层厚度要求,通常翻耕 30～50cm 深度,以利蓄水保墒,并视土壤情况,合理施肥以改变土壤肥性。平地、整地要有一定倾斜度,以利排除过多的雨水。

2) 对工程场地宜先清除杂物、垃圾,随后换土。种植地的土壤含有建筑废土及其他有害成分,如强酸性土、强碱土、盐碱土、重黏土、沙土等,均应根据设计规定,采用客土或改良土壤的技术措施。

3) 对低湿地区,应先挖排水沟降低地下水位防止返碱。通常在种植前一年,每隔 20m 左右就挖出一条深 1.5～2.0m 的排水沟,并将掘起来的表土翻至一侧培成垅台,经过一个生长季,土壤受雨水的冲洗,盐碱减少,杂草腐烂了,土质疏松,不干不湿,即可在垅台上种树。

4) 对新堆土山的整地,应经过一个雨季使其自然沉降,再进行整地植树。

5)对荒山整地,应先清理地面,刨出枯树根,搬除可以移动的障碍物,在坡度较平缓、土层较厚的情况下,可以采用水平带状整地。

2. 定点放线

进行栽植放线前务必认真领会设计意图,并按设计图纸放线。由于树木栽植方式各不相同,定点放线的方法也有很多种,常用的有以下 2 种。

(1)规则式栽植放线。成行成列式栽植树木称为规则式栽植。规则式栽植的特点是行列轴线明显、株距相等,如行道树。

规则式栽植放线比较简单,可以选地面上某一固定设施为基点,直接用皮尺定出行位或列位,再按株距定出株位。为了保证规则式栽植横平竖直、整齐美观的特点,可于每隔 10 株株距中间钉一木桩,作为行位控制标记及确定单株位置的依据,然后用白灰点标出单株位置。

(2)自然式栽植放线。自然式栽植的特点是植株间距不等,呈不规则栽植,如公园绿地的种植设计。具体方法有以下 4 种。

1) 交会法。交会法是以建筑物的 2 个固定位置为依据,根据设计图上与该两点的距离相交会，定出植株位置，以白灰点表示。交会法适用于范围较小，现场内建筑物或其他标记与设计图相符的绿地。

2）网格法。网格法是按比例在设计图上和现场分别找出距离相等的方格（边长5m、10m、20m），在设计图上量出树木到方格纵横坐标的距离，再到现场相应的方格中按比例量出坐标的距离，即可定出植株位置，以白灰点表示。网格法适用于范围大而平坦的绿地。

3）小平板定点法。小平板定点法依据基点，将植株位置按设计依次定出，用白灰点表示。小平板定点法适用于范围较大，测量基点准确的绿地。

4）平行法。本法适用于带状铺地植物绿化放线，特别是流线型花带实地放线。需要用细绳、石灰或细砂、竹签等，放线时通过不断调整细绳子，使花带中线保证线形与流畅，定出中线后，用垂直中线法将花带边线放出，石灰定线。此法在园路施工放线中同样适用。

（3）设置标桩。为了保证施工质量，使栽植的树种、规格与设计一致，在定点放线的同时，应在白灰点处钉以木桩，标明编号、树种、挖穴规格。

3. 挖穴起苗

（1）挖穴。挖穴的质量好坏对植株以后的生长有很大的影响。在栽植苗木之前应以所定的灰点为中心沿四周往下挖坑（穴），栽植坑的大小，应按苗木规格的大小而定，一般应在施工计划中事先确定。一般穴径应大于根系或土球直径 0.3～0.5m。根据树种根系类型确定穴深。栽植穴的形状一般为圆形或正方形，但无论何种形状，其穴口与穴底口径应一致，不得挖成上大下小或锅底形，以免根系不能舒展或填土不实。

1）堆放。挖穴时，挖出的表土与底土应分别堆放，待填土时将表土填入下部，底土填入上部和做围堰用。

2）地下物处理。挖穴时，如遇地下管线，应停止操作，及时找有关部门配合解决，以免发生事故。发现有严重影响操作的地下障碍物时，应与设计人员协商，适当改动位置。

3）施肥与换土。土壤较贫瘠时，先在穴部施入有机肥料做基肥。将基肥与土壤混合后置于穴底，其上再覆盖5cm厚表土，然后栽树，可避免根部与肥料直接接触引起烧根。

土质不好的地段，穴内须换客土。如石砾较多，土壤过于坚实或被严重污染，或含盐量过高，不适宜植物生长时，应换入疏松肥沃的客土。

4）注意事项。具体有：①当土质不良时，应加大穴径，并将杂物清走，如遇石灰渣、炉渣、沥青、混凝土等不利于树木生长的物质，将穴径加大 1～2 倍，并换入好土，以保证根部的营养面积；②绿篱等株距较小者，可将栽植穴挖成沟槽。

（2）起苗。起苗又称掘苗，起掘苗木是植树工程的关键工序之一。起苗的质量好坏直接影响树木的成活率和最终绿化成果，因此操作时必须认真仔细，按规定标准带足根系，不使其破损。

准备工作有以下 4 点。

1）选好苗木。苗木质量的好坏是影响其成活和生长的重要因素之一。为了提高栽植成活率，保证绿化效果，移植前必须对苗木进行严格的选择。苗木选择的依据是满足设计对苗木规格、树形及其他方面的要求，同时还要注意选择根系发达、生长健壮、无病虫害、无机械损伤、树形端正的苗木。选定的苗木可采用系绳或挂牌等方法，标出明显标记，以免挖错，同时标明栽植朝向。

2）灌水。当土壤较干时，为了便于挖掘，保护根系，应在起苗前 2～3d 进行灌水湿润。

3）拢冠。为了便于起苗操作，对于侧枝低矮和冠丛庞大的苗，如松柏、龙柏、雪松等，掘前应先用草绳捆拢树冠，这样既可避免在掘取、运输、栽植过程中损伤树冠，又便于掘苗操作。

4）断根。对于地径较大的苗木，起苗前可先在根系周边挖半圆预断根，深度根据苗木而定，一般挖深 15～20cm 即可。

起苗方法有裸根法、带土球法。

1）裸根法。适用于处于休眠状态的落叶乔木、灌木和藤本。此法操作简便，节省人力、物力。但由于根系受损，水分散失，影响了成活率。为此，起苗时应尽量保留根系，留些宿土。为了避免风吹日晒，对不能及时运走的苗木，应埋土假植，土壤要湿润。

对于落叶乔木，为了减少水分蒸腾，促进分枝和便于运输，起苗后要进行修剪。

2）带土球法。将苗木的根部带土削成球状，经包装后起出，称为带土球法。土球内须根完好，水分不易散失，有利于苗木成活和生长。但此法费工费料，适用于常绿树、名贵树木和较大的灌木、乔木。土球大小的确定：土球直径应为苗木直径的 7～10 倍，为灌木苗高的 1/3，土球高度应为土球直径的 2/3。土球形状一般为苹果形，表面应光滑，包装要严密，严防土球松散。

起苗时间。起苗时间因地区和树种不同而异，一般多在秋冬休眠以后或者在春季萌芽前进行，另外在各地区的雨季也可进行。

4. 包装运输

（1）包装。落叶乔木、灌木在掘苗后装车前应进行粗略修剪以便于装车运输和减少树木水分的蒸腾。

包装前应先对根系进行处理，一般是先用泥浆或水凝胶等吸水保水物质蘸根，以减少根系失水，然后再包装。泥浆一般是用黏度比较大的土壤，加水调成糊状。水凝胶是由吸水极强的高分子树脂加水稀释而成的。

包装要在背风庇阴处进行，有条件时可在室内、棚内进行。包装材料可用麻袋、蒲包、稻草包、塑料薄膜、牛皮纸袋、塑膜纸袋等。无论是包裹根系，还是全苗包装，包裹后要将封口扎紧，减少水分蒸发，防止包装材料脱落。将同一品种相同等级的存放在一起，挂上标签，便于管理和销售。

包装的程度视运输距离和存放时间确定。运距短，存放时间短，包装可简便一些；运距长，存放时间长，包装要细致一些。

（2）运输。苗木运输环节也是影响树木成活率的因素。"随起、随运、随栽"是保障成活率的有力措施。因此，应该争取在最短的时间内将苗木运到施工现场。条件允许时，尽量做到傍晚起苗，夜间运苗，早晨栽植。这样可以减少风吹日晒，防止水分散失，有利于苗木成活。苗木在装卸、运输过程中，应采取有效措施，避免造成损伤。

1）裸根苗木的装车：①装运乔木时，应树根朝前，树梢向后，顺序码放，灌木可直立排列；②车厢后板应铺垫草袋、蒲包等物，以防碰伤树皮；③树梢不得拖地，必要时要用绳子围拢吊起来，捆绳子的地方须用蒲包垫上；④树根部位应用苫布遮盖、拢好，减少根部失水；⑤装车不可超高，压得不要太紧。

2）带土球苗木的装车：① 2m 高以下的苗木可以立装，2m 高以上的苗木应斜放或平放，土球朝前，树梢朝后，挤严捆牢，不得晃动；②土球直径大于 60cm 的苗木只装一层，小土球可以码放 2 ~ 3 层，土球之间必须排码紧密以防摇摆；③土球上不准站人或放置重物。

3）苗木运输。苗木在运输途中应经常检查苫布是否掀起，防止根部风吹日晒。短途运苗中途不要休息；长途运输时，应洒水淋湿树根，选择阴凉处停车休息。

4）苗木卸车。卸车时要爱护苗木，轻拿轻放。裸根苗木应顺序拿放，不准乱抽，更不可整车推下。带土球苗木应双手抱土球拿放，不准提拉树干和树梢。较大的土球最好用起重机卸车，若没有条件时，应事先准备好一块长木板从车厢上斜放至地上，将土球自木板上顺势慢慢滑下，绝不可滚动土球。

5. 苗木假植

苗木运到施工现场后，未能及时栽植或未栽完时，视离栽植时间长短应采取"假植"措施。

（1）裸根苗木的假植。

1）覆盖法裸根苗木须做短期假植时，可用苫布或草袋盖严，并在其上洒水。也可挖浅沟，用土将苗根埋严。

2）沟槽法裸根苗木须做较长时间假植时，可在不影响施工的地方，挖出深 0.3 ~ 0.5m，宽 0.2 ~ 0.5m，长度视需要而定的沟槽，将苗木分类排码，树梢应向顺风方向，斜放一排苗木于沟中，然后用细土覆盖根部，依次层层码放，不得露根。若土壤干燥时，应浇水保持树根潮湿，但也不可过于泥泞以免影响以后操作。

（2）带土球苗木的假植。带土球的苗木，运到工地以后，如能很快栽完则可不假植；

如 1～2d 内栽不完时，应集中放好，四周培土，树冠用绳拢好。如假植时间较长时，土球间隙也应填土。假植时，对常绿苗木应进行叶面喷水。

6. 苗木修剪

种植前应进行苗木根系修剪，宜将劈裂根、病虫根、过长根剪除，并对树冠进行修剪，保持地上地下平衡。

乔木类修剪应符合下列规定。

(1) 具有明显主干的高大落叶乔木应保持原有树形，适当疏枝，对保留的主侧枝应在健壮芽上短截，可剪去枝条 1/5～1/3。

(2) 无明显主干、枝条茂密的落叶乔木，对干径 10cm 以上树木，可疏枝保持原树形；对干径为 5～10cm 的苗木，可选留主干上的几个侧枝，保持原有树形进行短截。

(3) 枝条茂密具圆头形树冠的常绿乔木可适量疏枝。树叶集生树干顶部的苗木可不修剪。具轮生侧枝的常绿乔木用作行道树时，可剪除基部 2～3 层轮生侧枝。

(4) 常绿针叶树不宜修剪，只剪除病虫枝、枯死枝、生长衰弱枝、过密的轮生枝和下垂枝。

(5) 用作行道树的乔木，定干高度宜大于 3m，第一分枝点以下枝条应全部剪除，分枝点以上枝条酌情疏剪或短截，并应保持树冠原形。

(6) 珍贵树种的树冠宜做少量疏剪。灌木及藤蔓类修剪应符合下列规定：①带土球或湿润地区带宿土裸根苗木及上年花芽分化的开花灌木不宜做修剪，当有枯枝、病虫枝时应予剪除；②枝条茂密的大灌木，可适量疏枝；③对嫁接灌木，应将接口以下砧木萌生枝条剪除；④分枝明显、新枝着生花芽的小灌木，应顺其树势适当强剪，促生新枝，更新老枝；⑤用作绿篱的乔灌木，可在种植后按设计要求整形修剪，苗圃培育成形的绿篱，种植后应加以整修；⑥攀缘类和蔓性苗木可剪除过长部分，攀缘上架苗木可剪除交错枝、横向生长枝。

苗木修剪质量应符合下列规定：①剪口应平滑，不得劈裂；②枝条短截时应留外芽，剪口应距留芽位置以上 1cm；③修剪直径 2cm 以上大枝及粗根时，截口必须削平并涂防腐剂。

7. 苗木栽植

(1) 散苗。将苗木按设计图纸或定点木桩散放在定植穴旁边的工序称为散苗。散苗时应注意：

1) 散苗人员要充分理解设计意图，统筹调配苗木规格。必须保证位置准确，按图散苗，细心核对，避免散错。

2) 要爱护苗木，轻拿轻放，不得伤害苗木。不准手持树梢在地面上拖苗，防止根部擦伤和土球破碎。

　　3）在假植沟内取苗时应按顺序进行，取后应随时用土埋严。

　　4）作为行道树、绿篱的苗木应于栽植前量好高度，按高度分级排列，以保证邻近苗木规格基本一致。

　　(2) 栽苗。栽苗即是将苗木直立于穴内，分层填土；提苗木到合适高度，踩实固定的工序。

　　1）栽苗方法：①裸根苗木的栽植。将苗木置于穴中央扶直，填入表土至一半时，将苗木轻轻提起，使根颈部位与地表相平，保持根系舒展，踩实，填土直到穴口处，再踩实，筑土堰；②带土球苗木的栽植，栽植前应度量土穴与土球的规格是否相适应（一般穴径比土球直径大 0.3 ～ 0.5m），如不妥，应修整土穴，不可盲目入穴，土球入穴后，填土固定，扶直树干，剪开包装材料并尽量取出，填土至一半时，用木棍将土球四周夯实，再填土到穴口，夯实（注意不要砸碎土球），筑土堰。

　　2）栽苗的注意事项和要求有以下几点。①埋土前必须仔细核对设计图纸，看树种、规格是否正确，若发现问题应立即调整。②栽植深度对成活率影响很大，一般裸根乔木苗，应比根颈土痕深 5 ～ 10cm；灌木应与原土痕平齐；带土球苗木比土球顶部深 2 ～ 3cm。③注意树冠的朝向，大苗要按其原来的阴阳面栽植。尽可能将树冠丰满完整的一面朝主要观赏方向。④对于树干弯曲的苗木，其弯向应与当地主导风向一致；如为行植时，应弯向行内并与前后对齐。⑤行列式栽植，应先在两端或四角栽上标准株，然后瞄准栽植中间各株。左右错位最多不超过树干的一半。⑥定植完毕后应与设计图纸详细核对，确定没有问题后，可将捆拢树冠的草绳解开。⑦栽裸根苗最好每三人为一个作业小组，一人负责扶树、找直和掌握深浅度，两人负责埋土。⑧栽植带土球苗木，必须先量好坑的深度与土球的高度是否一致。若有差别应及时将树坑挖深或填土，必须保证栽植深度适宜。⑨城市绿化植树如遇到土壤不适，须进行客土改造。

8. 养护管理

　　植树工程按设计定植完毕后，为了巩固绿化成果，提高植树成活率，还必须加强后期养护管理工作，一般应有专人负责。负责立支撑柱、浇水、扶正封堰、其他养护管理。

　　(1) 立支撑柱。较大苗木为防止被风吹倒或人流活动损坏，应立支柱支撑。沿海多台风地区，一般埋设水泥柱固定高大乔木。支柱的材料，各地有所不同。支柱一般采用木杆或竹竿，长度视树高而定，以能支撑树高 1/3 ～ 1/2 处即可。支柱下端打入土中 20 ～ 30cm。立支柱的方式有单支式、双支式和三支式 3 种，一般常用三支式。支法有斜支和立支 2 种。支柱与树干间应用草绳隔开并将两者捆紧。

　　(2) 浇水。水是保证植树成活的重要条件，定植后必须连续浇灌几次水，尤其是气候干旱、蒸发量大的地区更为重要。

1) 开堰苗木栽好后,应在穴缘处筑起高 10～15㎝ 的土堰,拍牢或踩实,以防漏水。

2) 浇水栽植后,应于当日内灌透水一遍。所谓透水,是指灌水分 2～3 次进行,每次都应灌满土堰,前次水完全渗透后再灌一次。隔 2～3d 后浇第二遍水,隔 7d 后浇第三遍水。以后 14d 浇一次,直到成活。对于珍贵和特大树木,应增加浇水次数并经常向树冠喷水,可降低植株温度,减少蒸腾。

(3) 扶正封堰。

1) 扶正在浇完第一遍水后的次日,应检查树苗是否歪斜,发现歪斜后应及时扶正,并用细土将堰内缝隙填严,将苗木固定好。

2) 中耕是指在浇三遍水之间,待水分渗透后,用小锄或铁耙等工具将土堰内的表土锄松。中耕可以切断土壤的毛细管,减少水分蒸发,有利保墒。

3) 封堰在浇完第三遍水并待水分渗入后,可铲去土堰,用细土填于堰内,形成稍高于地面的土堆。北方干旱多风地区秋季植树,应在树干基部堆成 30㎝ 高的土堆,以保持土壤水分,并能保护树根,防止风吹摇动。

(4) 其他养护管理。

1) 围护树木定植后务必加强管理,避免人为损坏,这是保证绿化成果的关键措施之一。即使没有围护条件的地方也必须经常派人巡查看管,防止人为破坏。

2) 复剪定植树木一般都应加以修剪,定植后还要对受伤枝条和栽前修复不够理想的枝条进行复剪。

3) 植树工程竣工后(一般指定植灌完三次水后),应全面清扫施工现场,将无用杂物处理干净并注意保洁,真正做到场光地净文明施工。

(二)风景树栽植

风景树的栽植程序和方法与上节大树移植基本相同,但也有一些特殊的要求,在施工中应加以注意。

1. 孤树栽植

孤树,也就是孤立树。孤立树可能被配植在草坪、岛、山坡等处,一般是作为重要风景树栽种的。选用作孤植的树木,要求树冠广阔或树势雄伟,或者树形美观、开花繁盛。栽植时,具体技术要求与一般树木栽植基本相同,但种植穴应挖得更大一些,土壤要更肥沃一些。根据构图要求,要调整好树冠的朝向,把最美的一面向着空间最宽、最深的一方。还要调整树形姿态,树形适宜横卧、倾斜的,就要将树干栽成横、斜状态。栽植时对树形姿态的处理,一切以造景的需要为准。树木栽好后,要用木杆支撑树干,以防树木倒下,一年以后即可以拆除支撑。

2. 树丛栽植

风景树丛一般是用几株或十几株乔木、灌木配植在一起；树丛可以由 1 个树种构成，也可以由多个树种（最多 7 ～ 8 个）构成。选择构成树丛的材料时，要注意选树形有对比的树木，如柱状、伞形、球形、垂枝形的树木，各自都要有一些，在配成完整树丛时才好使用。一般来说，树丛中央要栽最高的和直立的树木，树丛外沿可配较矮的和伞形、球形的植株。树丛中个别树木采取倾斜姿势栽种时，一定要向树丛以外倾斜，不得反向树丛中央斜去。树丛内最高最大的主树，不可斜栽。树丛内植株间的株距不应一致，要有远有近、有聚有散。栽得最密时，可以土球挨着土球栽，不留间距。栽得稀疏的植株，可以和其他植株相距 5m 以上。

3. 风景林栽植

风景林栽植施工中主要应注意下述 3 方面的问题。

（1）林地整理。在绿化施工开始的时候，首先要清理林地，地上地下的废弃物、杂物、障碍物等都要清除出去。通过整地，将杂草翻到地下，把地下害虫的虫卵、幼虫和病菌翻上地面，经过低温和日照将其杀死。减少病虫对林木危害，提高林地树木的成活率。土质瘦瘠密实的，要结合着翻耕松土，在土壤中掺进有机肥料。林地要略为整平，并且要整理出 1% 以上的排水坡度。

（2）林缘放线。林地准备好之后，应根据设计图将风景林的边缘范围线测设到林地地面上。放线方法可采用坐标方格网法。林缘线的放线一般所要求的精确度不是很高，有一些误差还可以在栽植施工中进行调整。林地范围内树木种植点的确定有规则式和自然式 2 种方式。规则式种植点可以按设计株行距以直线定点，自然式种植点的确定则允许现场施工中灵活定点。

（3）林木配植。风景林内，树木可以按规则的株行距栽植，这样成林后林相比较整齐，但在林缘部分，还是不宜栽得很整齐，不宜栽成直线形，而要使林缘线栽成自然曲折的形状。树木在林内也可以不按规则的株行距栽，而是在 2 ～ 7m 的株行距范围内有疏有密地栽成自然式；这样成林后，树木的植株大小和生长表现就比较不一致，但却有了自然丛林般的景观。栽于树林内部的树，可选树干通直的苗木，枝叶稀少一点也可以；处于林缘的树木，则树干可不必很通直，但是枝叶还是应当茂密一些。风景林内还可以留几块小的空地不栽树木，铺种上草皮，作为林中空地通风透光。林下还可选耐阴的灌木或草本植物覆盖地面，增加林内景观内容。

4. 水景树栽植

用来陪衬水景的风景树，由于是栽在水边，就应当选择耐湿地的树种。如果所选树种并不能耐湿但又一定要用它，就要在栽植中进行一些处理。对这类树种，其种植穴的底部高度一定要在水位线之上。种植穴要比一般情况下挖得深一些，穴底可垫一层厚度 5cm 以上的透水材料，如炭渣、粗砂粒等；透水层之上再填一层壤土，厚度可在 8～20㎝ 之间；其上再按一般栽植方法栽种树木。树木可以栽得高一些，使其根颈部位高出地面，高出地面的部位进行壅土，把根颈旁的土壤堆起来，使种植点整个都抬高。水景树的这种栽植方法对根系较浅的树种效果较好，但对深根性树种来说，就只在两三年内有些效果，时间一长，效果就不明显了。

5. 旱生植物栽植

旱生植物大多数不耐水湿，因此，栽种旱生植物的基质就一定要透水性比较强。如栽植多浆植物或肉质根系的花木一般要用透水性好的砂土，且种植地排水要良好，不积水、不低洼。一些耐旱而不耐潮湿的树木，如马尾松、柚木、紫薇、紫荆、木兰等，一般都要将种植点抬高，或要求地面排水系统完善，保证不受水淹。

（三）水生植物的栽植

栽植水生植物有 2 种不同的技术途径：一是在池底铺至少 15㎝ 的培养土，将水生植物植入土中；二是将水生植物种在容器中，将容器沉入水中。

1. 水生植物种植器的选择

可结合水池建造时，在适宜的水深处砌筑种植槽，再加上腐殖质多的培养土。

应选用木箱、竹篮、柳条筐等在一年之内不致腐朽的材料，同时注意装土栽种以后，在水中不致倾倒或被风浪吹翻。一般不用有孔的容器，因为培养土及其肥效很容易流失到水里，甚至污染水质。

不同水生植物对水深要求不同，同时容器放置的位置也有一定的艺术要求，解决的方法之一是水中砌砖石方台，将容器顶托在适当的深度上，稳妥可靠。另一种方法是用两根耐水的绳索捆住容器，然后将绳索固定在岸边，压在石下，如水位距岸边很近，岸上又有假山石散点，较易将绳索隐蔽起来。否则会失去自然之趣，大煞风景。

2. 水生植物对土壤的要求

可用干净的园土，细细地筛过，去掉土中的小树枝、草根、杂草、枯叶等，尽量避免用塘里的稀泥，以免掺入水生杂草的种子或其他有害杂菌。以此为主要材料，再加入少量粗骨粉及一些慢性的氮肥。

3. 水生植物主要管理内容

水生植物的管理一般比较简单，栽植后，除日常管理工作之外，还要注意的有：

（1）检查有无病虫害。

（2）检查是否拥挤，一般过 3～4 年需要进行一次分株。

（3）定期施加追肥。

（4）清除水中的杂草。池底或池水过于污浊时要换水或彻底清理。

（四）花坛栽植

在不同的园林环境中，花坛种类往往不同。从设计形式来看，花坛主要有盛花花坛、模纹花坛、标题式花坛、立体模型式花坛 4 个基本类型。在同一个花坛群中，也可以有不同类型的若干个体花坛。

把花坛及花坛群搬到地面上去，就必须经过定点放线、砌筑边缘、填土整地、图案放样、花卉栽种等几道工序。

1. 花坛定点放线

根据设计图和地面坐标系统的对应关系，用测量仪器把花坛群中主花坛中心点坐标测设到地面上，再把纵横中轴线上的其他中心点的坐标测设下来，将各中心点连线即在地面上放出了花坛群的纵横轴线。据此可量出各处个体花坛的中心点，最后将各处个体花坛的边线放到地面上就可以了。

2. 花坛砌筑边缘

花坛工程的主要工序就是砌筑边缘石。放线完成后，应沿着已有的花坛边线开挖边缘石基槽；基槽的开挖宽度应比边缘石基础宽 10cm 左右，深度可在 12～20cm 之间。槽底土面要整平、夯实；有松软处要进行加固，不得留下不均匀沉降的隐患。在砌基础之前，槽底还应做一个 3～5cm 厚的粗砂垫层，供基础施工找平用。

边缘石一般是用砖砌筑的矮墙，高 15～45cm，其基础和墙体可用 1:2 水泥砂浆或 M2.5 混合砂浆砌，MU7.5 标准砖做成。矮墙砌筑好之后，回填泥土将基础埋上并夯实泥土。再用水泥和粗砂配成 1:2.5 的水泥砂浆，对边缘石的墙面抹面，抹平即可，不要抹光。最后，按照设计，用磨制花岗石石片、釉面墙地砖等贴面装饰，或者用彩色水磨石、干粘石米等方法饰面。

有些花坛边缘还可能设计有金属矮栏花饰，应在边缘石饰面之前安装好。矮栏的柱脚要埋入边缘石，用水泥砂浆浇注固定。待矮栏花饰安装好后，再进行边缘石的饰面工序。

3. 花坛填土整地

开辟花坛之前，一定要先整地，将土壤深翻 40～50cm，挑出草根、石头及其他杂物。如果栽植深根性花木，还要翻得更深一些；如土质很坏，则应全都换成好土。应根据需要施加适量肥性平和、肥效长久、经充分腐熟的有机肥做底肥。

为便于观赏和有利排水，花坛表面应处理成一定坡度，可根据花坛所在位置，决定坡的形状，若从四面观赏，可处理成尖顶状、台阶状、圆丘状等形式；如果只单面观赏，则可处理成一面坡的形式。

花坛的地面应高出所在地平面，四周地势较低之处更应该如此，同时应做边界以固定土壤。

4. 花坛图案放样

花坛的图案、纹样，要按照设计图放大到花坛土面上。放样时，若要等分花坛表面，可从花坛中心桩牵出几条细线，分别拉到花坛边缘各处，用量角器确定各线之间的角度，就能够将花坛表面等分成若干份。以这些等分线为基准，比较容易放出花坛面上对称、重复的图案纹样。有些比较细小的曲线图样，可先在硬纸板上放样，然后将硬纸板剪成图样的模板，再依照模板把图样画到花坛土面上。

5. 花坛花卉栽种

从花圃挖起花苗之前，应先灌水浸湿圃地，起苗时根土才不易松散。同种花苗的大小、高矮应尽量保持一致，过于弱小或过于高大的都不要选用。

花卉栽植时间，在春、秋、冬三季基本没有限制，但夏季的栽种时间最好在上午 11 时之前和下午 4 时以后，要避开太阳暴晒。花苗运到后，应即时栽种，不要放了很久才栽。栽植花苗时，一般的花坛都从中央开始栽，栽完中部图案纹样后，再向边缘部分扩展栽下去。在单面观赏花坛中栽植时，则要从后边栽起，逐步栽到前边。若是模纹花坛和标题式花坛，则应先栽模纹、图线、字形，后栽底面的植物。在栽植同一模纹的花卉时，若植株稍有高矮不齐，应以矮植株为准，对较高的植株则栽得深一些，以保持顶面整齐。

花坛花苗的株行距应随植株大小而确定。植株小的，株行距可为 15cm×15cm；植株中等大小的，可为 20cm×20cm 至 40cm×40cm；对较大的植株，则可采用 50cm×50cm 的株行距，五色苋及草皮类植物是覆盖型的草类，可不考虑株行距，密集铺种即可。

花坛栽植完成后，要立即浇一次透水，使花苗根系与土壤密切结合。

二、绿化工程施工技术

（一）坡面绿化

挖土或堆土而形成的人工斜面叫坡面。如果坡面一直处于裸露状态，便会因长期受到雨水的冲击和洗刷而侵蚀。为了防止坡面的侵蚀和风化，必须用植物或者人工材料覆盖坡面，对坡面进行绿化。

1. 坡面植草植树

（1）植草。用短草保护坡面的工作叫植草。裸露着的坡面，缺乏土粒间的黏结性能，如任凭植物自然生长就会很慢。植草就是人为地、强制性一次栽种植物群落，使坡面迅速覆盖上植物。植草有各种方法，每种方法都各有优点，所以应该选择适应当地条件和施工时期的方法。

为了判断植草是否可能，应用山中式土壤硬度计算测定土壤硬度。土壤硬度 23mm 以下时容易扎根，超越 23mm 扎根就逐渐困难起来，超过 27mm 则完全不能扎根。在土壤硬度在 27mm 以下的挖土坡面和堆土坡面上，如用人力施工植草，则以采用喷种方法为宜。土壤硬度超越 27mm 的坚硬坡面，多在挖土坡面上出现。这时，要使用网带植草方法或挖穴植草方法，在坡面挖沟或者挖抗，随后填入客土再植草。倘若在坚硬的坡面都挖沟填土的话，也可以使用喷种方法。红色黏土（风化花岗岩层的砂质或其堆积土）、白色硬质火山灰土、页岩（裂隙很多，破碎成小碎片）、褐黏土（带蓝色的暗色黏性土）、黏土、砂砾土等，都是不容易植草的土质。在这样的土质坡面上要充分植草，应该事先制作混凝土框，在框内用肥沃土质做客土，采用喷种方法或者平铺状植草方法。但坡面框的坡度小于 1 ∶ 1.2，否则客土易流失。

（2）植树。为了使坡面和周围环境融为一体，坡面上也应适当种植树木。坡面上植树一般采用栽植树苗的方式，混播树种子和草籽的方式值得商榷，因为，从一开头就是混播树种子和草籽，如果对草的生长株数不加以限制，则发芽和生长缓慢的树木就会受其压抑而不能成长。如果把草的株数减少到树木能够成长的程度，则很难充分保护坡面。

在坡面上植树，最好使用比草高的树苗，并在不使坡面滑坍的程度内，在树根的周围挖坡度平缓的蓄水沟。自然播种生长起来的高树，因为根扎得深，即使在很陡的坡面上也很少发生被风吹倒的现象。可是，直接栽植的高树，因为在树坑附近根系扎得不太深，所以比较容易被风吹倒。为了防止这种现象，必须设置支柱，充分配备坡度平缓的蓄水沟。

2. 坡面保护管理

坡面绿化工程中，除侵蚀的绿化施工法进行施工外，均须首先尽快使边坡全面覆盖，防止降雨、冻胀、冻结等的侵蚀。

一般使用外来草种，2～3 个月就可完成全面覆盖，但坡面的条件差时，有时不发芽、生长。发芽条件有水分、氧、温度和时间，生长条件则还需要光、二氧化碳和养分。不发芽时，多是由于干旱缺乏水分或在低温期施工。若水分缺乏，通常进行 3～5 l/m² 的洒水，如超过土壤的吸水能力，浇水过多时，余剩的水顺边坡流下，易侵蚀边坡。浇水，夏季宜在早晨或日落后的低温时进行，冬季宜在中午高温时进行，但进行一次浇水后，必须连续浇水直到有降雨为止，如中途停止浇水，反而容易受到干害，应对植被状态加以注意。种子因耐干旱，一般可不浇水，任其自然即可。对于低温，可考虑铺席及洒布沥青乳液等，必须事先把施工法、选定的植物和工期研究好。对养分不足的问题，通常进行氮量为 5～10 g/m² 左右的追肥，一次施肥量多时，反而会产生障碍，在坡度陡急的坡面上肥料效果的持续时间为：合成肥料每 2～3 个月追肥一次，缓效性肥料每 2～3 年追肥一次。

一般坡面播种工程，经过 2～3 个月就可全面覆盖，但以后根据边坡的地点条件及土壤条件，其生长状态及种类就发生变化，其过程是以外来草种为主的播种植物开始逐渐衰退，如不伴有侵入种等引起的植物转变，就将出现裸地化。

绿化目标如果是让外来草种持续生长时，就必须连续进行割草、追肥、防除病虫害、补播草种等管理工作。外来草种衰退，外来草种与木本类的混合生长期过渡到木本类时，用 PK 肥料（仅有磷和钾的肥料）进行追肥。使用于混播的木本类多用先驱植物，演替成先锋群落，为促进顶级群落木本类生长，可促进群落演替状况，逐步将先驱植物伐除。另外，为了与周围景观协调，除修剪、除草、施肥、防除病虫害外，还必须追播必要的植物和补植苗木。

3. 坡面注意事项

坡面保护工程的施工是以使边坡稳定为最大目的的，在施工完毕以前出现许多非常危险的地方，更需要进一步的安全管理。必须特别注意的事项如下：

（1）在高地作业。设置脚手架时的安全对策包括脚手架本身的检查，上方浮石、土沙崩落的事前排除，防止降雨、强风时脚手架、材料、工具的落下，边坡崩落的土砂及喷射嘴的处理等。

（2）在坡面下面作业。坡面及上方的落石、土砂崩落，高处作业材料工具的掉落，道路上汽车的跳进，向坡面提送材料的散落等。

（3）机械附近作业。机械的固定与处理，物资材料的装卸与放置，自行式机械的运行，软管类的放置，空袋等的整理，油脂类的放置地点，污水、排水的处置等。

（4）其他。标志、路障、护栏等的设置，交通指挥等，以及紧急时的联络方式、作业人员的作业训练与安全教育等。

（二）立体绿化

立体绿化主要包括垂直绿化、屋顶绿化和城市桥体绿化。

1. 垂直绿化

垂直绿化，就是使用藤蔓植物在墙面、阳台、窗台、棚架等处进行绿化。许多藤蔓植物对土壤、气候的要求并不苛刻，而且生长迅速，可以当年见效，因此垂直绿化具有省工、见效快的特点。

（1）阳台、窗台绿化。在城市住宅区内，多层与高层建筑逐渐增多，尤其在用地紧张的大城市，住宅的层数不断增多，使住户远离地面，心理上产生与大自然隔离的失落感，渴望借助阳台、窗台的狭小空间创造与自然亲近的"小花园"。

阳台、窗台绿化不仅便于生活，而且能够增加家庭生活的乐趣，对建筑立面与街景亦可起到装饰美化作用。在国外绿化水平相当高的城市，也极为重视这方面的绿化。

1）阳台绿化。阳台是居住空间的扩大部分，首先要考虑满足住户生活功能的要求，把狭小空间布置成符合使用功能、美化生活的阳台花园。阳台的空间有限，常栽种攀缘或蔓生植物，采用平行垂直绿化或平行水平绿化。

常见阳台绿化方式。可通过盆栽或种植槽栽植。在阳台内和栏板混凝土扶手上，除摆放盆花外，值得推广的种植方式是与阳台建筑工程同步建造各种类型的种植槽。它可设置在阳台板的周边上和阳台外沿栏杆上。当然，还可结合阳台实心栏板做成花斗槽形，这样既丰富了阳台栏板的造型，又增加了种植花卉的功能。在阳台的栏杆上悬挂各种种植盆。可采用方形、长方形、圆形花盆。近年来各种色彩的硬塑料盆已普遍应用于阳台绿化。悬挂种植盆既能满足种植要求，又能起到装饰的作用。

垂直绿化植物牵引方法。用建筑材料做成简易的棚架形式。棚架耐用且本身具有观赏价值，在色彩与形式上较讲究，冬季植物落叶后也可观赏。这种方法适宜攀缘能力较弱的植物。以绳、铁丝等牵引。可按阳台主人的设想牵引。有的从底层庭院向上牵引，也有从楼层向上牵引，将阳台绿化与墙面绿化融为一体，丰富建筑立面的美感。常用的攀缘植物有常春藤、地锦、金银花、葡萄、丝瓜、茑萝等。

阳台绿化除攀缘植物、蔓生植物外，还可在花槽中采用一年生或多年生草花，如天竺葵、美女樱、金盏花、半枝莲以及其他低矮木本花卉或盆景。在光线不好的北阳台则可选择耐阴植物，如八角金盘、桃叶珊瑚或多年生草本植物绿箩、春芋、龟背竹等。

阳台绿化基质的选择。无论是花盆还是阳台所设的固定式种植槽、池，在种植土的选择上，应采用人工配置的基质为好，这样可以减轻质量，人工合成的各类种植土含有植物生长所必需的各种营养，还可以延长种植土的更换年限。

2）窗台绿化。窗台绿化往往易被忽视，但在国外居住建筑中，对于长期居住在闹市的居民来说，它却是一处丰富住宅建筑环境景观的"乐土"。当人们平视窗外时，可以欣赏到窗台的"小花园"，感受到接触自然的乐趣。窗台是建筑立面美化的组成部分，也是建筑纵向与横向绿化空间序列的一部分。

首先，窗台种植池的类型。窗台种植池的类型应根据窗台的形式、大小而定，设置的位置取决于开窗的形式。当窗户为外开式时，种植池可以用金属托座固定在墙上或窗上；当窗户为内开式时，种植池可以在窗两边拉撑臂连接。外开式的窗户，种植池中植物生长的空间不得妨碍窗户的开关。种植池安置在墙上，如果在视平线或视线以下观赏，种植池的托座可安置在池的下方，或托座位置在池后方；如果从下面观看种植池，最好安装有装饰性的托座。最简单的窗台种植是将盆栽植物放置于窗台上，盆下用托盘防止漏水。

其次，窗台种植池的土肥与排水。种植池使用肥沃的混合土肥，以含有机质丰富和保持湿度较好的泥炭为培养土。在植物生长期需要定期供给液体肥料补充养料。种植池底设有排水孔，使浇水时过剩的水流出。为保证充分排水，可用装有塑料插头的排水孔排出剩余水。在种植池里用金属托盘衬里，这样在重新种植时便于搬动。

最后，窗台绿化材料与配置方式。可用于窗台绿化的材料较为丰富，有常绿的、落叶的，有多年生的与一二年生的，有木本、草本与藤本的。如木本的小檗、橘类、栀子、胡颓子、欧石南、茉莉、忍冬等；草本的天竺葵、勿忘草、西番莲、费莱、矮牵牛等；常绿藤本的如常春藤；落叶木质藤本的如爬山虎（地锦）、猕猴桃、凌霄等；草藤本的如香豌豆、啤酒花、牵牛、茑萝、文竹等。应根据窗台的朝向等自然条件和住户的爱好选择适合的植物种类和品种。有的需要有季节变化，可选择春天开花的球根花卉，如风信子，然后夏秋换成秋海棠、天竺葵、碧冬茄、藿香蓟、半枝莲等，使窗台鲜花络绎不绝，五彩缤纷。这些植物材料也用于阳台绿化。

植物配置方式，有的采用单一种类的栽培方式，用一种植物绿化多层住宅的窗台。有的采用常绿的与落叶的、观叶的与观花的相搭配，窗台上种植常春藤、秋海棠、桃叶珊瑚等。有的则用一种藤本或蔓生的花灌木，姿态秀丽、花香袭人。

2. 墙面绿化

居住区建筑密集，墙面绿化对居住环境质量的改善十分重要。早在 17 世纪，俄国就已将攀缘植物用于亭、廊绿化，后将攀缘植物引向建筑墙面，欧美各国也广泛应用。尤其在近年来，不少城市已将墙面绿化列为绿化评比的标准之一。

墙面绿化是垂直绿化的主要绿化形式，是利用具有吸附、缠绕、卷须、钩刺等攀缘特性的植物绿化建筑墙面的绿化形式。

（1）墙面绿化种植要素。墙面绿化是一种占地面积少而绿化覆盖面积大的绿化形式，其绿化面积为栽植占地面积的几十倍以上。墙面绿化要根据居住区的自然条件、墙面材料、墙面朝向和建筑高度等选择适宜的植物材料。

1）墙面材料。我国住宅建筑常见的墙面材料多为水泥墙面或拉毛、清水砖墙、石灰粉刷墙面及其他涂料墙面等。经实践证明，墙面结构越粗糙越有利于攀缘植物的蔓延与生长，反之，植物的生长与攀缘效果较差。为了使植物能附着墙面，欧美一些国家常用木架、金属丝网等辅助植物攀缘墙面，经人工修剪，将枝条牵引到木架、金属网上，使墙面得到绿化。

2）墙面朝向。墙面朝向不同，适宜于采用不同的植物材料。一般来说，朝南、朝东的墙面光照较充足，而朝北和朝西的光照较少，有的住宅墙面之间距离较近，光照不足，因此要根据具体条件选择对光照等生态因子相适合的植物材料。如在朝南墙面，可选择爬山虎、凌霄等，朝北的墙面可选择常春藤、薜荔、扶芳藤等。在不同地区，适于不同朝向墙面的植物材料不完全相同，要因地制宜，选择植物材料。

3）墙面高度。攀缘植物的攀缘能力不尽相同，要根据墙面高度选择适合的植物种类。高大的多层住宅建筑墙面可选择爬山虎等生长能力强的种类；低矮的墙面可种植扶芳藤、薜荔、常春藤、络石、凌霄等。

4）墙面绿化的种植形式。常见的有以下三种。①地栽。常见的墙面绿化种植多采用地栽。地栽有利于植物生长，便于养护管理。一般沿墙种植，种植带宽 0.5～1m，土层厚为 0.5m。种植时，植物根部离墙 15cm 左右。为了较快地产生绿化效果，种植株距为 0.5～1m。如果管理得当，当年就可见效。②容器种植。在不适宜地栽的条件下，砌种植槽，一般高 0.6m，宽 0.5m。根据具体要求决定种植池的尺寸，不到半立方米的土壤即可种植一株爬山虎。容器须留排水孔，种植土壤要求有机质含量高、保水保肥、通气性能好的人造土或培养土。在容器中种植能达到与地栽同样的绿化效果，欧美国家应用容器种植绿化墙面，形式多样。③堆砌花盆。国外应用预制的建筑构件——堆砌花盆。在这种构件中可种植非藤本的各种花卉与观赏植物，使墙面构成五彩缤纷的植物群体。在市场上可以选购到各式各样的构件，砌成有趣的墙体表面，让植物茂密生长构成立体花坛，为建筑开拓新的空间。

随着技术的发展，居住环境质量要求不断提高，这种建筑技术与观赏园艺的有机结合使墙面绿化更受欢迎。

（2）围墙与栏杆绿化。居住区用围墙、栏杆来组织空间，也是环境设计中的建筑小品，常与绿化相结合，有时采用木本或草本攀缘植物附着在围墙和栏杆上，有时采用花卉美化围墙栏杆。既增加绿化覆盖面积，又使围墙、栏杆更富有生气，扩大了绿化空间，使居住区增添了生活气氛。

在高低错落、地形起伏变化的居住区有挡土墙。将这些挡土墙与绿化有机结合，能够使居住环境呈现丰富的自然景色。另外，在一些建筑上，还可通过对女儿墙的绿化来达到美化环境的目的。屋檐女儿墙的绿化多运用于沿街建筑物屋顶外檐处。平屋顶建筑的屋顶，檐口处理通常采用挑檐和建女儿墙 2 种做法。屋顶檐口处建女儿墙是建筑立面艺术造型的需要，同时也起到了屋顶护身栏杆的安全作用。沿屋顶女儿墙建花池既不会破坏屋顶防水层，又不会增加屋顶楼板荷载，管理浇水养护均十分方便。同时，还可在楼下观赏垂落的绿色植物，在屋顶上观看条形花带。

（3）墙面绿化的养护与管理。墙面绿化的养护管理一般较其他立体绿化形式简单，因为用于立体绿化的藤本植物大多适应性强，极少发生病虫害。但在城市中实施墙面绿化后也不能放任不管。随着绿化养护管理的逐步规范和专业化，人们也越来越重视墙面绿化的养护工作，从改善植物生长条件、加强水肥管理、修剪、人工牵引和种植保护篱等几项措施着手，全面提高了墙面绿化的养护技术。只有经过良好绿化设计和精心的养护管理才能保持墙面绿化的恒久效果。

1）改善植物生长条件。对藤本植物所生长的环境要加强管理。在土壤中拌入猪粪、锯末和蘑菇肥等有机质，改善贫瘠板结的土壤结构，为植物提供良好的生长基质。同时，在光滑的墙面上拉铁网或农用塑料网或用锯末、沙、水泥按 2∶3∶5 的比例混合后刷到墙上，以增加墙面的粗糙度，有利于攀缘植物向上攀爬和固定。

2）加强水肥管理。在立体墙面上可以安装滴灌系统，一方面保证植物的水分供应，另一方面又提高了墙面的湿润程度而更利于植物的攀爬。同时，通过每年春秋季各施一次猪粪、锯末等有机肥，每月薄施复合肥，保证植物有足够的水肥供应。

3）修剪。改变传统的修剪技术，采取保枝、摘叶修剪等方法，该方法主要用于有硬性枝条的树种，如藤本月季等。适当对下垂枝和弱枝进行修剪，促进植株生长，防止因蔓枝过重过厚而脱落或引发病虫害。

4）人工牵引。对于一些攀缘能力较弱的藤本植物，应在靠墙处插放小竹片，牵引和按压蔓枝，促使植株尽快往墙上攀爬，也可以避免基部叶片稀疏，横向分枝少的缺点。

5）种植保护篱。在垂直绿化中人为干扰常常成为阻碍藤本植物正常生长的主要因素之一。种植槽外可以栽植杜鹃篱、迎春、连翘、剑麻等植物，既防止了人行践踏和干扰破坏，又解决了藤本植物下部光秃不够美观的问题。

3. 屋顶绿化

在屋顶上面进行绿化，要严格按照设计的植物种类、规格和对栽培基质的要求而施工。施工前，要了解屋顶的承重量，合理建造花池和给排水系统。土壤的深度根据树木种类及大小确定。种植池中的土壤要选用肥沃、排水性能好的壤土，或用人工配制的轻型土壤，如壤土 1 份、多孔页岩砂土 1 份和腐殖土 1 份的混合土，也可用腐熟过的锯末或蛭石土等。紧贴屋面应垫一层厚度 3～7cm 的排水层。排水层用透水的粗颗粒材料如炭渣、豆石等平铺而成，其上还要铺一层塑料窗纱纱网或玻璃纤维布作为滤水层。滤水层上就可填入栽培基质。

要施用足够的有机肥作为基肥，必要时也可追肥，氮、磷、钾的配比为 2：1：1。草坪不必经常施肥，每年只须覆一两次肥土，方法是将壤土 1 份和腐殖土 1 份混合晒干后打碎，用筛子均匀地撒在草坪上。

一般草坪和较矮的花草可用土下管道给水，利用水位调节装置把水面控制在一定位置，利用毛细管原理保证花草水分的需要。土上给水可用人工喷浇，也可用自动喷水器，平时注意土中含水量，依土壤湿度的大小决定给水的多少。要特别注意土下排水必须流畅，绝不能在土下局部积水，以免植物受涝。

屋顶绿化不同于平地绿化，从设计到施工都必须综合考虑，所有的因素都要计算在屋顶的载荷范围内。维护屋顶绿化的成果关系到屋顶绿化综合效益的发挥，只有借助合理的设计、正确的管理，才能达到设计的要求，充分发挥屋顶绿化的效益。

（1）屋顶绿化的施工管理。在屋顶绿化或造园，必须严格按照设计的方案执行，植物的选择和屋顶的排水、防水都要与屋顶的载荷相一致。在屋顶花园进行平面规划及景点布置时，应根据屋顶的承载构件布置，使附加荷载不超过屋顶结构所能承受的范围，确保屋顶的安全。

屋顶花园工程施工前，灌水试验必不可少。为确保屋顶不渗（漏）水，施工前，将屋顶全部下水口堵严后，在屋顶放满 100mm 深的水，待 24h 后检查屋顶是否漏水，经检查确定屋顶无渗漏后，才能进行屋顶花园施工。

屋顶的排水系统设计除要与原屋顶排水系统保持一致外，还应设法阻止种植物枝叶或泥沙等杂物流入排水管道。大型种植池排水层下的排水管道要与屋顶排水口相配合，使种植池内多余的浇灌水顺畅排出。

（2）屋顶绿化植物的养护管理。屋顶绿化建成后的日常养护管理关系到植物材料在屋顶上能否存活。粗放式绿化屋顶实际上并不需要太多的维护与管理。在其上栽植的植物都比较低矮，不需要剪枝，抗性比较强，适应性也比较强。如果是屋顶花园式的绿化类型，绿化屋顶作为休息、游览场所，种植较多的花卉和其他观赏性植物，需要对植物进行定期浇水、施肥等维护和管理工作。屋顶绿化养护管理的主要工作如下。

1）浇水和除草。屋顶上因为干燥、高温、光照强、风大，植物的蒸腾量大，失水多，夏季较强的日光还使植物易受到日灼，枝叶焦边或干枯，必须经常浇水或者喷水，达到较高的空气湿度。一般应在上午 9 时以前浇 1 次水，下午 4 时以后再喷 1 次水，有条件的应在设计施工的时候安装滴灌或喷灌。发现杂草要及时拔除，以免杂草与植物争夺营养和空间，影响花园的美观。

2）施肥、修剪。在屋顶上，多年生的植物在较浅的土层中生长，养分较缺乏，施肥是保证植物正常生长的必要手段。目前应采用长效复合肥或有机肥，但要注意周围的环境卫生，最好用开沟埋施法进行。要及时修剪枯枝、徒长枝，这样可以保持植物的优美外形，减少养分的消耗，也有利于根系的生长。

3）补充人造种植土。经常浇水和雨水的冲淋会使人造种植土流失，体积日渐缩小，导致种植土厚度不足，一段时期后应添加种植土。另外，要注意定期测定种植土的 pH 值，使其不超过所种植物能忍受的 pH 值范围，超出范围时要施加相应的化学物质予以调节。

4）防寒、防风。对易受冻害的植物种类，可用稻草进行包裹防寒，盆栽的搬入温室越冬。屋顶上风力比地面上大，为了防止植物被风吹倒，要对较大规格的乔灌木进行特殊的加固处理。

5）其他管理。浇水可以采用人工浇水或滴灌、喷灌。应当把给水管道埋入基质层中。除此之外，还要对屋顶绿化经常进行检查，包括植物的生长情况、排水设施的情况，尤其是检查落水口是否处于良好工作状态，必要时应进行疏通与维修。雕塑和园林小品也要经常清洗以保持干净，只有这样才可能保持屋顶花园的良好状况。

4. 桥体绿化

（1）桥体绿化的方法。

1）桥体种植。桥侧面的绿化类似于墙面的绿化。桥体绿化植物的种植位置主要是在桥体的下面或者是桥体上。在桥梁和道路建设时，在高架路或者立交桥体的边缘预留狭窄的种植槽，填上种植土，藤本植物可在其中生长，其枝蔓从桥体上垂下，由于枝条自然下垂，基本不需要各种固定方法。

另外的种植部位是在沿桥面或者高架路下面种植藤本植物，在桥体的表面上设置一些辅助设施，钉上钉子或者利用绳子牵引，让植物从下往上攀缘生长，这样也可以覆盖整个桥侧面。这类绿化常用一些吸附性的藤本植物。对于那些没有预留种植池的高架桥体或者立交桥体，可以在道路的边缘或者隔离带的边缘设置种植槽。

桥体绿化还可以在桥梁的两侧栏杆基部设置花槽，种上木本或草本攀缘植物，如蔷薇、牵牛花或者金银花等，使植物的藤蔓沿栅栏缠绕生长。由于铁栏杆要定期维护，这种绿化方式不适用于铁栏杆，适用于钢筋混凝土、石桥及其他用水泥建造的桥栅栏。

在桥面两侧栏杆的顶部设计长条形小型花槽，长 1m，深 30～50cm，宽 30cm 左右。主要栽种草本花卉和矮生型的木本花卉，如一年或多年生草本花卉、矮生型的小花月季或迎春、云南迎春等中小灌木，这种绿化方式特别适用于钢筋混凝土的桥体。

2）桥侧面悬挂。一些过街天桥和立交桥，由于桥体的下方是和桥体交叉的硬化道路，所以没有植物生存的土壤，桥下又不能设置种植池。对这类桥梁的绿化可以采取悬挂和摆放的形式。在桥梁的护栏上设置活动种植槽并把它固定在栏杆上，也可以在护栏的基部设置种植池或者种植槽。在种植池内种植地被植物，在种植槽内种植一些垂枝的植物，让植物的枝条自然下垂。植物材料的选择要考虑种植环境，采用的植物的抗病性要强。另外也可以采取摆设的方式进行绿化，在天桥的桥面边缘设置固定的槽或者平台，在上面摆设一些盆花。在桥面配置开花植物，要注意避免花色与交通标志的颜色混淆，应以浅色为好，既不刺激驾驶员的眼睛，也可以减轻司机的视觉疲劳。

3）立体绿化。高架路众多的立柱为桥体垂直绿化提供了许多可以利用的载体。高架路上有各种立柱，如电线杆、路灯灯柱、高架路桥柱。另外立交桥的立柱也在不断增加，对它们的绿化已经成为垂直绿化的重要内容之一。绿化效果最好的是边柱、高位桥柱以及车辆较少的地段。从一般意义上讲，吸附类的攀缘植物最适于立柱造景，不少缠绕类植物也可应用。上海的高架路立柱主要选用五叶地锦、常春油麻藤、常春藤等，另外，还可选用木通、南蛇藤、络石、金银花、爬山虎、蝙蝠葛、小叶扶芳藤等耐阴植物。

柱体绿化时，对那些攀缘能力强的树种可以任其自由攀缘，而对吸附能力不强的藤本植物，可以在立柱上用塑料网和铁质线围起来，让植物沿网自行攀爬。对处于阴暗区的立柱的绿化，可以采取贴植方式，如用 3.5m 以上的女贞或罗汉松。考虑到塑料网的老化问题，为了达到稳定依附目的，可以在立柱顶部和中部各加一道用铁质线编结的宽 30cm 的网带。铁质线是外包塑料的铁丝，具有较长的使用寿命。

4）中央隔离带的绿化。在大型桥梁上通常建造有长条形的花坛或花槽，可以在上面栽种园林植物，如黄杨球，还可以间种美人蕉、藤本月季等作为点缀。也有在中央隔离带上设置栏杆的，可以种植藤本植物任其攀缘，既能防止绿化布局呆板，又能起到隔离带的作用。中央隔离带的主要功能是防止夜间灯光炫目，起到诱导视线以及美化公路环境，提高车辆行驶的安全性和舒适性，缓和道路交通对周围环境的影响以及保护自然环境和沿线居民的生活环境的作用。中央隔离带的土层一般比较薄，所以绿化时应该采用那些浅根性的植物，同时植物必须具有较强抗旱、耐瘠薄能力。

5) 桥底绿化。立交桥部分桥底部也需要绿化。因光线不足、干旱，所以栽植的植物必须具有较强的耐阴、抗旱、耐瘠薄能力。常用的植物有八角金盘、桃叶珊瑚、各种麦冬等耐阴性植物。

(2) 桥体绿化的养护与管理。桥体绿化后养护与管理的得当与否，不仅关系到交通功能能否全面发挥，而且也关系到桥体绿化在美学功能全方位的体现。由于桥体绿化大多位于比较特殊的环境，尽管采用的一些抗性较强的藤本植物也应该比较适合桥体的环境，但仍给绿化后的养护与管理带来了一定困难。立交桥的桥面绿化与墙面绿化类似，管理也基本相同，值得注意的是，由于植物生长的环境较差，同时关系到交通安全问题，所以要加强桥体绿化后的养护与管理。

1) 水肥分管理。高架路、立交桥具有特殊的小气候环境，主要是在夏季路面高温和高速行车中所形成的强大风力对植物的影响，使得高架路绿化的植物蒸发量更大，自然降水量根本无法满足绿化植物生长的需要，只能依靠人工灌水补足。灌水量因树种、土质、季节以及树木的定植年份和生长状况等的不同而有所不同。一般当土壤的含水量小于田间最大持水量的 70% 时需要灌水。

在桥体绿化植物栽植时，只要施足基肥，正确运用栽植技术，浇足定根水，就可确保较高的成活率和幼树的正常生长。在桥体绿化中，植物生长的土壤都比较薄，土壤养分有限，当营养缺乏时，会影响植物的正常生长；另外中央分隔带的树种是多年生长在同一地点的，经过长期的生长后肯定会造成土壤营养元素的缺乏。所以要使桥体绿化的植物维持正常的生长，必须定期定量施肥，否则植物会因环境比较恶劣，缺乏养分而不能正常生长，甚至死亡。

2) 修剪与整形。是桥体绿化植物养护与管理中一项不可缺少的技术措施，也是一项技术性很强的管理措施。高架路、立交桥藤本植物的攀附式的绿化，由于植物生长迅速，藤本植物枝条不免会有些下垂，遮挡影响司机、行人视线，不利于交通安全，所以要约束植物生长的范围，不断地进行枝蔓修剪。对于中央隔离带的植物，通过修剪整形，不仅可以起到美化树形、协调树体比例的作用，而且可以改善树体间的通风透光条件，从而增强树木抗性，充分发挥绿化植物的防眩、诱导视线以及美化公路环境的作用。因此，中央分隔带树木也必须进行细致的修剪，以达到整齐、美观的效果。

3) 病虫害防治。在桥体绿化中，虽然选择的大多数藤本植物或坡面绿化植物的抗性比较强，但在植物生长过程中，也随时会遭到各种病虫害的侵袭，使树木的枝叶出现畸形、生长受阻甚至干枯死亡的现象，从而影响整个绿化效果。为了使植物能够正常地生长发育，必须对绿化植物的病虫害进行及时的防治。植物的病虫害防治自始至终应贯彻"预防为主，综合防治"的原则，只有这样才能成本低、见效快。

4）安全检查。桥体绿化要经常检查植物的生长状况、病虫害是否发生，还要经常检查绿化植物固定是否安全牢固，是否遮挡司机的视线，以保证交通安全和行人安全，同时维护绿化的整体效果。

（三）养护管理

1. 灌水排水

水分是植物体的基本组成部分，植物体重量的 40% ～ 80% 是水分，树叶的含水量高达 80%，树木体内的一切活动都是在水的参与下进行的。水能维持细胞膨压，使枝条伸直，叶片展开，花朵丰满、挺立、鲜艳，使园林植物充分发挥其观赏效果和绿化功能。如果土壤水分不足，地上部分将停止生长，土壤含水量低于 7% 时，根系停止生长，且因土壤浓度增加，根系发生外渗现象，会引起烧根而死亡。

同种植物在一年中不同的生育期内，对水分的需求量也不同。早春植株萌发需水量不多；枝叶盛长期，需水较多；花芽分化期及开花期，需水较少；结实期要求水分较多。

（1）灌溉时期。用人工方法向土壤内补充水分为灌溉。新建园林植物绿地往往栽植的是大苗或大树，带有较多的地上部分，蒸腾量大。栽植后为了保持地上、地下部分水分平衡，促发新根，保证成活，必须经常灌溉，使土壤处于湿润状态。在 5—6 月气温升高、天气干旱时，还须向树冠和枝干喷水保湿，此项工作于清晨或傍晚进行。灌水大致分为 3 个时期。

1）保活水。保活水是在新植株定植后（北方地区往往以春季栽植为主），为了养根保活，必须滋足大量水分，加速根系与土壤的结合，促进根系生长，保证成活。

2）生长水。夏季是植株生长旺盛期，大量干物质在此时间形成，需水量大，此时气温高，蒸腾量也大，雨水不充沛时要灌水，如夏季久旱无雨更应勤灌。

3）冬水。由于北方地区冬季严寒多风，为了防寒，于入冬前应灌一次冬水。冬水作用有三：①水的比热大，热容量高，可适当提高地温、保护树木免受冻害；②较高地温可推迟根系休眠，使根系能吸收充足的水分，供蒸腾消耗需要，可免于枯梢；③灌足冬水，使土壤有充足的贮备水，翌年春干旱时也不致受害。

除上述三大时期灌水外，如给植株施肥，施肥后应立即灌水，促使肥料渗透至土壤内成水溶液状态为根系所吸收，同时灌水可使肥料浓度稀释而不致烧根。

（2）灌水次数和灌水量。

1）灌水次数。植株一年中须灌水的次数，因种类、地区和土质而异。北方地区因干旱、多风、寒冷，灌水次数要增加，尤其新植树木，每年至少集中灌水 6 次，即 4、5、6、9、

10 和 11 月。所谓集中灌水并非灌溉一次，如春季新植时的一段时间内要每隔 1 ～ 2 天灌一次，在这段时期内的灌水就是集中灌水，只能算作一次。

2）灌水量。耐干旱的种类灌水量少些，反之则多些。灌水时做到灌透，切忌仅灌湿表层。灌透是浇灌到栽植层，但又不可过量，如水量过多，会减少土壤空气，根系生长会受到抑制。灌水以土壤中达到田间持水量的 60% ～ 80% 最合适。

（3）灌水方法。灌水方法较多，城市中用水紧张，应注意节约用水。

1）沟灌。于栽植行间开沟，引水灌溉。这种方法省工省力，但用水量较大。

2）盘灌。向定植盘内灌水，此法省水、经济。

3）喷灌。属机械化作业，适用于大面积绿地草坪和苗圃。

4）润灌。将一定粗度的水管安在土壤中或植株根部，将水一滴一滴地注入根系分布范围内。此法省工、省水、省时，是一种科学合理的灌溉方法，但一次性投资较大。

灌水还必须注意，水源有河水、井水、自来水、生活污水等，无论何种水，必须无毒害。灌水前做到土壤疏松，灌水后用干土覆盖之后再进行中耕，切断土壤毛细管，减少水分蒸发。

（4）排水。土壤出现积水时，如不及时排出，会严重影响植株生长。这是因为土壤积水过多时，土壤中严重缺氧，此时根系只能进行无氧呼吸，会产生和积累酒精，使细胞内的蛋白质凝固，引起死亡。土壤通气不良，好气性细菌活动受限，嫌气性细菌大量活动，会影响土壤内营养元素的有效度。土壤缺氧时，还会产生毒害根系的还原性物质。北方 7 月份为夏季多雨期，排水工作主要在这一季节。

排水方法：①可以利用自然坡度排水，如修建和铺装草坪时即安排好 0.1% ～ 0.3% 的坡度；②开设排水沟，将其作为工程设计的一项内容，可设计明沟，在地表上挖明沟，或设暗沟，在地下埋设管道，无论明沟还是暗沟，均要安排好排水出处。

2. 施撒肥料

栽植的各种园林植物，尤其是木本植物，将长期从一个固定点吸收养料，即使原来肥力很高的土壤，肥力也会逐年消耗而减少，因此应不断增加土壤肥力，确保所栽植株旺盛生长。

（1）肥料种类。施肥要有针对性，即因植物种类、年龄、生育期等不同，要施用不同性质的肥料，才能收到最好的效果。肥料通常分速效肥和迟效肥（长效肥）两大类。速效肥多系人工合成的化学肥，迟效肥多系厩肥、堆肥等农家肥。前者一般做追肥用，后者多做基肥用。肥料按所含的营养元素可分为氮肥、磷肥、钾肥以及微量元素肥料。含有不同元素的肥料对植物生长的作用不同，施用也不同。氮肥能促进细胞分裂和伸长，促进枝叶快长，并有利于叶绿素形成，使植株青翠挺拔。氮肥或含氮为主的肥料应在春季植物发叶、发梢、扩大冠幅之际大量施入。花芽分化时期，如氮肥过多，枝叶旺长，会影响花芽分化，故此时应多施以磷为主的肥料，促进花芽分化，为开花打下基础。为了防止植株徒长，能安全越冬，秋季应使植株能按时结束生长，所以要加施磷肥、钾肥，停止使用氮肥。

基肥一般在栽植前施入土壤中或施入栽植穴中，且应是腐熟好的，切忌用生粪。此外，还可在早春和深秋土壤解冻前给大树施农家肥，即刨开树盘，将农家肥施入，再覆土盖上，春夏之际，随灌水及降雨，使肥分逐渐渗入植株根部为其吸收利用。

（2）施肥方法。

1）环状沟施肥法。秋冬季的树木休眠期，依树冠投影地面的外缘，挖 30～40cm 的环状沟，深度 20～50cm（可根据树木大小而定），将肥料均匀撒入沟内，然后填土平沟。

2）放射状开沟施肥法。以根际为中心，向外缘顺水平根系生长方向开沟，由浅至深，每株树开 5～6 条分布均匀的放射沟，施入肥料后填平。

3）穴施法。以根际为中心，挖一圆形树盘，施入肥料后填土。也有的在整个圆盘内隔一定距离挖小穴，一个大树盘挖 5～6 个小穴，施入肥料后填平。

4）全面施肥法。整个绿地秋后翻地普遍施肥。

肥料除了施入土壤中可被根系吸收利用外，随着植物生长素的开发应用，已试验成功根外施肥法，即将事先配制好的营养元素喷洒到植株枝叶上，被其吸收利用，制造有机物质，促使植株生长。根外追肥要严格掌握浓度，应参考配比说明操作，切勿盲目，以免烧伤叶片。

3. 中耕除草

中耕是指采用人工方法促使土壤表层松动，从而增加土壤透气性，提高土温，促进肥料的分解，以利于根系生长。中耕还可切断土壤表层毛细管，增加孔隙度，减少水分蒸发和增加透水性，因此，中耕为不浇水的灌溉。园林绿地须经常进行中耕土，尤其是街头绿地、小游园等，游人多，土壤受践踏会板结，久之则影响植物正常生长。

中耕深度依栽植植物及树龄而定，浅根性的中耕深度宜浅，深根性的则宜深，一般为 5cm 以上，如结合施肥则可加深深度。

中耕宜在晴天或雨后 2～3 天进行，土壤含水量在 50%～60% 时最好。中耕次数要依据种类的不同进行。花灌木一年内至少 1～2 次，小乔木一年至少一次，大乔木至少隔年一次。夏季中耕同时结合除草，一举两得，宜浅些；秋后中耕宜深些，且可结合施肥进行。

杂草消耗大量水分和养分，影响园林植物生长，同时还会传播各种病虫害，一块好的园林绿地杂草滋生，令人有荒芜凋零之感，降低了观赏价值，故对园林绿地内的杂草要经常灭除。除草要本着"除早、除小、除了"原则。初春杂草生长时就要除，但杂草种类繁多，不是一次可除尽的，春夏季要进行 2～3 次，切勿让杂草结籽，否则翌年又会大量滋生。

风景林或片林内以及保护自然景观的斜坡上的杂草，可增加地表绿地覆盖度，使黄土不见天，减少灰尘，也可减少地表径流，防止水土流失，同时还保持了田野风光，增添自然风韵，可以不除。但应进行适当修剪，尤其是剪掉过高的杂草，保证高度在 15～20cm 之间，使之整齐美观。

除草是一项繁重的工作，一般用手拔除或用小铲、锄头除草，结合中耕也可除去杂草。用化学除草剂除草方便、经济、除净率高。除草剂有灭生性和内吸性两类。灭生性除草剂能杀死所有杂草，内吸选择性除草剂有 2.4-DJ 酯等，往往只能杀死双子叶植物，如灰菜、猪芽菜等，而对单子叶植物如禾本科杂草则无效。除草剂应在晴天喷洒。

4. 整形修剪

整形与修剪是园林植物栽培过程中一项十分重要而又很有情趣的养护管理措施。整形修剪除了可以调节和控制园林植物生长与开花结果、生长与衰老更新之间的矛盾外，重要的在于能够满足观赏的要求，达到美的效果。整形往往通过修剪，故通常将二者称整形修剪。

园林植物整形修剪受植物自身和外界环境等诸多因素制约，是一项理论性和实践性都很强的工作，这里仅就以下方面做简单介绍。

（1）整形修剪的方式。整形修剪主要针对室外木本植物而言，由于各种树木生长的自身特点以及对其预期达到的观赏要求不同，整形修剪的方式也不同，大体可分为人工式修剪、自然式修剪和自然、人工混合式修剪。

（2）整形修剪的时期。园林树木的整形修剪可常年进行，如结合抹芽、摘心、除蘖、剪枝等，但大规模整形修剪在休眠期进行为好，以免伤流过多，影响树势。

（3）各种用途树木的整形修剪。园林绿地中栽植着各种用途的树木，即使是同一种树木，由于园林用途不同，其修剪整形的要求也是不同的，下面分别将其要点叙述于下。

1）松柏类的整形修剪。一般言之，对松柏类树种多不整形修剪或仅采取自然式整形的方式，每年仅将病枯枝剪除即可。对园林中独植的针叶树而言，除有特殊要求呈自然风致形外，由于绝大多数均有主导枝且生长较慢，故应注意小心保护主干，勿使其受伤害。

2）庭荫树与行道树的整形修剪。一般言之，对树冠不加专门的整形工作而多采用自然树形。庭荫树的主干高度应与周围环境的要求相适应，一般无固定的规定而主要视树种的生长习性而定。行道树的主干高度以不妨碍车辆及行人通行为主，普遍以 2.5～4m 为宜。

3）灌木类的整形修剪。按树种的生长发育习性，可分为下述几类剪整方式：①先开花后发叶的种类，可在春季开花后修剪老枝并保持理想树姿；②花开于当年新梢的种类，可在冬季或早春剪整；③观赏枝条及观叶的种类：应在冬季或早春施行重剪，以后行轻剪，使萌发多数枝及叶；④萌芽力极强的种类或冬季易干梢的种类，可在冬季自地面刈去，使来年春天重新萌发新枝。

4）藤木类的整形修剪。在自然风景区中，对藤本植物很少加以修剪管理，但在一般的园林绿地中则有 5 种处理方式：①棚架式，对于卷须类及缠绕类藤本植物多用此种方式进行剪整；②凉廊式，常用于卷须类及缠绕类植物，亦偶尔用于吸附类植物；③篱垣式，多用于卷须类及缠绕类植物；④附壁式，多用吸附类植物为材料，方法很简单，只须将藤蔓引于墙面即可自行依靠吸盘或吸附根而逐渐布满墙面，修剪时应注意使壁面基部全部覆盖，各蔓枝在壁面上应分布均匀，勿使互相重叠交错为宜；⑤直立式，对于一些茎蔓粗壮的种类，可以剪整成直立灌木式。

5）植篱整形修剪。植篱又称绿篱、生篱，剪整时应注意设计意图和要求。自然式植篱一般可不施行专门的剪整措施，仅在栽培管理过程中将病老枯枝剪除即可。对整形式植篱则须施行专门的整形修剪工作。

6）桩景树的剪整。植物造景有许多方法，其中之一即运用桩景树，现在概括地讲树木的剪整技术有多种，可概括为5点。①盘扎。对较柔韧或比较细的干及枝条可用此法。枝条的盘扎时期，以在休眠期施行为好，一般在秋末落叶后或早春萌芽前施行，应避免在芽已萌发长大后施行，否则芽易被碰掉。对于当年生长的新梢，可以随其生长长度适时加以盘扎。已盘扎完毕的枝条，视其固定的程度，一般经过一个生长季后，在次年生长期开始前解除盘扎物，以免嵌入枝内。②刻拧。对粗硬不易弯曲的干或枝条，或者欲做成硬线条姿态的树木常用本法。本做法可产生浑厚有力、刚劲古朴的艺术效果，树艺者在传统上称为"硬式"技法。对欲使之弯曲的粗干，可用利刃纵穿枝干，使之劈裂，即易扭曲而不会折断。③撬树皮。为使树干上某个部分有疣隆起有如高龄老树状，可以在生长最旺盛的时期，用小刀插入皮下轻轻撬动，使皮层与木质部分离，经几个月后这个部分就会呈疣状隆起。④撕裂枝条。主干上的侧枝如欲去除时，不必用剪子剪截，可用手撕除。施用本法的树木最后均应在断损处涂上具有自然枯木色彩的防腐剂。⑤枯木的利用。做法是先将枯木进行杀虫杀菌和防腐处理以及必要的安全加固处理，然后在老干内方边缘适当位置纵刻裂沟，补植幼树并使幼树主干与枯木干沟嵌合，外面用水苔缠好，再加细竹，然后用绳绑紧。如此经过数年，幼树长粗，嵌入部长得很紧，未嵌入部被迫向外增粗遮盖了切刻的痕迹而宛若枯木回春一般。

在中国园林中早有运用大的桩景树进行造景配植的手法。地栽的桩景树与盆栽是同源的，均是园林树木栽培技术的重要组成部分。

5. 防寒防虫

（1）防寒。某些园林植物，尤其是南种北移的树种，难以适应北方的严寒冬季，或早春树木萌发后，遭受晚霜之害而使植株枯萎。为防止上述冻害发生，常采取以下措施。

1）加强栽培管理，提高树木抗寒能力。在生长期适时适量施肥、灌水，促进树木健壮生长，使树体内积累较多的营养物质与糖分，可以增强树体的抗寒能力。但秋季必须尽早停止施肥，以免徒长，枝梢来不及木质化，反受冻害。

2）灌冻水与春灌。北方地区冬季寒冷，土壤冻层较深，根系有受冻的危险。可在土壤封冻前灌一次透水，称冬灌或灌冻水，这样可使土壤中有较多水分，土温波动较小，冬季土温不致下降过低，早春不致很快升高。早春土壤解冻及时灌水（灌春水），能降低土温，推迟根系的活动期，延迟花芽萌动和开花，免受冻害。

3）保护根颈和根系。在严寒的北方，灌冬水之后在根颈处堆土防寒效果较好，一般堆土 40～50cm 高并堆实。

4）保护树干。具体包括：①包裹，入冬稻草或草绳将不耐寒树木的主干包起来，包裹高度1.5m 或包至分枝处；②涂白，用石灰水加盐或石硫合剂对主干涂白，可反射阳光，减少树干对太阳辐射热的吸收，降低树体昼夜温差，避免树干冻裂，还可杀死在树皮内越冬的害虫，涂白要均匀，不可漏涂，一条干道上的树木或成群成片树木，涂白高度要一致。

5）搭风障。对新引进树种或矮小的花灌木，在主风侧可搭塑料防寒棚，或用秫秸设防风障防寒。

6）打雪与堆雪。北方冬季多雪，降雪之后，应及时组织人力打落树冠上的积雪，特别是冠大枝密的常绿树和针叶树，要防止发生雪压、雪折、雪倒。降雪后将雪堆在树根周围处，可防止根部受冻害。春季雪化后，可增加土壤水分，降低土温，推迟根系活动与萌芽的时期，避免遭受晚霜或春寒危害。

(2)防虫。绿化植物在生长发育过程中，时常遭到各种病、虫危害，轻者造成生长不良，失去观赏价值，重者植株死亡，损失惨重。因此，有效地保护观赏植物，使其减轻或免遭各种病、虫危害，是园林绿化工作者的重要任务之一。

1）绿化植物病害及其防治。绿化植物病害可按其性质分为传染性病害和非传染性病害两大类。由生物性病原如真菌、细菌、病毒、类菌质体、线虫、蛾类、寄生性种子植物等引起的病害具有传染性，称为传染性病害；由非传染性病原如营养物质缺乏或过剩、水分供应失调、温度过高或过低、光照不足、环境过湿、土壤中有害盐类含量过高或过低、空气中存在有毒气体以及药害、肥害等引起的病害不具有传染性，称非传染性病害或称生理性病害，如缺铁常造成叶黄化，缺磷影响花蕾开花，施肥过多易造成植株徒长。

传染性病害，绝大多数是由真菌引起的，其次是由病毒和细菌引起的，而由其他病原物引起的病害占少数。这类病害主要是借风、雨水、流水、昆虫、种苗、土壤、病株残体以及人类活动等传播，不断地侵染。

总之，绿化植物病害的发生是在一定的环境条件下受病原物的侵染造成的。病原物传染植物使其发病的过程称为病程，病程可分为接触期、侵入期、潜育期和发病期 4 个时期。病害发展到最后一个时期病原物就可以进行繁殖、传播和扩大蔓延。

2）绿化植物虫害防治。绿化植物在生长发育过程中，根、茎、叶、花、果实、种子都可能遭受害虫的危害，虫害发生严重时会使种苗及观赏植物资源受到巨大损失。人们根据害虫食性及为害部位，将绿化植物害虫分为五大类，分别是：①常见的苗圃害虫有地老虎、蝼蛄、金针虫和脐螬等，它们栖居于土壤中，危害种子或幼苗的根部、嫩茎和幼芽；②枝梢害虫多为蛾类和甲虫类，它们钻蛀、啃食植株的枝梢及幼茎，直接影响主梢的生长，另外还有蚜虫及蚧壳虫，它们用刺吸式的口器吸取枝梢汁液，消耗营养，影响生长，有时还传播病毒，引起病害；③食叶害虫是以植株的叶片为营养的害虫，它们中有枯叶蛾、毒蛾、舟蛾、刺蛾等，种类颇多，由于这些害虫大量食害叶片，造成植株生长衰弱，失去观赏价值；④蛀干害虫有天牛、吉丁虫类和象甲类，其中以天牛危害最大，它可在植株的本质部、韧皮部钻蛀取食，严重阻碍养分和水分的输导，造成植株生长衰弱，甚至成片死亡；⑤种子、果实害虫多属螟蛾、卷蛾、象甲、花绳、小蜂类害虫，它们以种子、果实为食，严重时可导致植株种子颗粒无收，对种苗影响最大。

害虫对绿化植物的危害是相当惊人的，必须引起足够的重视，努力做好虫害防治工作。

第五章　园林工程给排水与水景施工技术

第一节　园林工程给排水施工技术

一、园林给水工程施工技术

（一）园林给水的用途

园林是游人休息游览的场所，同时又是园林植物较集中的地方。由于游人活动的需要、植物养护管理及造景用水的需要等，园林中用水量很大，而且对水质和水压都有较高的要求。

根据园林中水的用途可分为以下类别。

（1）生活用水。"生活用水作为我国用水量的主要组成部分，是评价节水型城市的重要指标。"[①] 生活用水指人们日常用水，如办公室、餐厅、内部食堂、茶室、小卖部、消毒饮水器及卫生设备等的用水，生活用水对水质要求很高，直接关系到人身健康，其水质标准应符合《生活饮用水标准》（GB 5749-1985）的要求。

（2）养护用水。养护用水包括植物灌溉、动物笼舍的冲洗及夏季广场园路的喷洒用水等，这类用水对水质的要求不高。

（3）造景用水。造景用水指各种水体（溪涧、湖泊、池沼、瀑布、跌水、喷泉等）的用水。

（4）消防用水。按国家建筑规范规定，所有建筑都应单独设消防给水系统。

（二）园林给水的特点

（1）园林中用水点较分散。

（2）由于用水点分布于起伏的地形上，高程变化大。

（3）水质可根据用途不同分别处理。

---

① 聂志萍等：《基于 LMDI 和脱钩理论的我国生活用水影响因素研究》，载《水利经济》2019 年第 37 卷第 05 期，第 11-15+26+77 页。

（4）用水高峰时间可以错开。

（三）园林给水的水源与水质

1. 园林给水的水源

对园林来说，可用的水源有地表水、地下水和自来水。

（1）地表水。地表水包括江、河、湖和浅井中的水，这些水由于长期暴露于地面上，容易受到污染。有的甚至受到各种污染源的污染，水质较差，必须经过净化和严格消毒，才可作为生活用水。

（2）地下水。地下水包括泉水以及从深井中取用的水。由于其水源不易受污染，水质较好。一般情况下除做必要的消毒外，不必再净化。

2. 园林给水的水质

园林用水的水质要求可因其用途不同分别处理。养护用水只要无害于动植物、不污染环境即可。但生活用水（特别是饮用水）则必须经过严格净化消毒，水质须符合国家颁布的卫生标准。

（四）公园给水管网的布置

公园给水管网的布置除了要了解园内用水的特点外，公园四周的给水情况也很重要，它往往影响管网的布置方式。一般市区小公园的给水可由一点引入。但对较大型的公园，特别是地形较复杂的公园，为了节约管材，减少水头损失，有条件时最好多点引入。

1. 设计管网的准备工作

（1）收集资料：平面图、竖向设计图、水文地质等资料。

（2）调查公园的水源、用水量及用水规律。

（3）公园中各种建筑对水的需求。

2. 给水管网的布置原则

（1）管网必须分布在整个用水区域内，保证水质、水压、水量满足要求。

（2）保证供水安全可靠，在个别管线发生故障时，停水范围最小。

（3）布置管网应最短，降低造价。

（4）布置管线时应考虑景观效果。

3. 给水管网形式和要点

（1）给水管网基本布置形式。基本布置形式有树枝式管网、环状管网。

具体如下：

1）树枝式管网。布线形式就像树干分权分枝，它适合于用水点较分散的情况，对分期发展的公园有利。但树枝式管网供水的保证率较差，一旦管网出现问题或须维修时，影响用水面较大。

2）环状管网。环状管网是把供水管网闭合成环，使管网供水能互相调剂。当管网中的某一管段出现故障时，也不致影响供水，从而提高了供水的可靠性。但是这种布置形式的管材投资较大。

(2）管网的布置要点如下：

1）干管应靠近主要供水点。

2）干管应靠近调节设施（如高位水池或水塔）。

3）在保证不受冻的情况下，干管宜随地形起伏敷设，避开复杂地形和难于施工的地段，以减少土石方工程量。

4）干管应尽量埋设于绿地下，避免穿越或设于园路下。

5）和其他管道按规定保持一定距离。

(3）管网布置的一般规定有以下两点。

1）管道埋深。冰冻地区，应埋设于冰冻线以下 40cm 处。不冻或轻冻地区，覆土深度也不小于 70cm。管道不宜过浅，否则管道易遭破坏。当然也不宜埋得过深，过深时工程造价较高。

2）阀门及消火栓。给水管网的交点称为节点，在节点上设有阀门等附件，为了检修管理方便，节点处应设阀门井。阀门除安装在支管和干管的连接处外，为便于检修养护，要求每 500m 直线距离设一个阀门井。配水管上安装消火栓，按规定其间距通常为 120m，且其距建筑不得少于 5m；为了便于消防车补给水，离车行道不大于 2㎡。

（五）园林给水的施工流程

1. 园林给水施工准备

园林给水施工准备工作需要注意对管线的平面布局、管段的节点位置、不同管段的管径、管底标高、阀门井以及其他设施的位置进行复核，以及是否符合给水接入点等情况。

2. 园林给水管网定线

给水管网定线是指在用水区域的地面上确定各条配水管线的走向、路径和位置，设计时一般只限于管网的干管以及支干管，不包括接入用水点的进水管。干管管径较大，用以输水到各区。支干管的作用是从干管取水供给用水点和消火栓，其管径较小。

管网定线取决于道路网的平面布置、用水点的地形和水源，以及园林里主要的用水点等。给水管线一般平行于道路中线，敷设在道路下，两侧可分出支管向就近的用水点配水，所以配水管网的形状常与园林总体规划道路网的形态一致。但由于园林工程的特殊性，给水管网也常设在绿地草坪或地被植物下，尽量避开高大树木，避免在线路维修时出现浪费。

定线时，干管多平行于规划道路中线定线，但应尽量避免在园内主干道和人流较多的道路下穿过。干管延伸方向应和园内大用水点的水流方向一致，循水流方向以最短的距离布置一条或数条干管，干管位置应从用水量较大的区域通过。干管的间距，根据实际情况可采用 500～800m。从经济角度来说，给水管网的布置采用一条干管接出许多支管形成树枝状网，费用最省，但从供水可靠性考虑，特殊地点以布置几条接近平行的干管并形成环状网为宜。

管网中还须安排其他一些管线和附属设备，例如在供水范围内的支路下须敷设支管，以便把干管的水送到各个用水点。

管线在平面的位置和埋深的高程，应符合特定部门对地下管线综合设计的要求。

3.园林给水沟槽开挖

沟槽的开挖断面应具有一定强度和稳定性，应考虑管道的施工方便，确保工程质量和安全，同时也应考虑少挖方、少占地、经济合理的原则。在了解开挖地段的土壤性质及地下水位情况后，可结合管径大小、埋管深度、施工季节、地下构筑物情况、施工现场及沟槽附近地上、地下构筑物的位置因素来选择开挖方法，并合理地确定沟槽开挖断面。常采用的沟槽断面形式有直槽、梯形槽、混合槽等。当有两条或多条管道共同埋设时，还须采用联合槽。

在沟槽开挖时，为防止地面水流入坑内冲刷边坡，造成塌方和破坏基土，上部应有排水措施。对于较大的井室基槽的开挖，应先进行测量定位，抄平放线，定出开挖宽度，按放线分层挖土，根据土质和水文情况采取在四侧或两侧直立开挖和放坡，以保证施工操作安全。放坡后，基槽上口宽度由基础底面宽度及边坡坡度来决定，坑底宽度每边应比基础宽出 15～30cm，以便于施工操作。

(1) 沟槽堆土。在沟槽开挖之前，应根据施工环境、施工季节和作业方式，制定安全、易行、经济合理的堆土、弃土、回运土的施工方案及措施。

沟槽上堆土（一般土质）的坡脚距槽边 1m 以外，留出运输道路、水管暂时放置位置，隔一定距离要留出运输交通路口，堆土高度不宜超过 2m，堆土坡度不陡于该土壤的自然倾斜角。

堆土时，弃土和回运土分开堆放，便于好土回运的装车运行。雨季堆土，不得切断或堵塞原有排水路线；防止外侧水进入沟槽，堆土缺口应加垒闭合防汛埂；向槽一面的堆土面应铲平拍实，避免被水冲塌；在暴雨季节堆土，内侧应挖排水沟，汇集雨水引向槽外；雨季施工不宜靠近房屋和靠近墙壁堆土。冬季堆土，应大堆堆放在干燥地面处，这样有利于防风、防冻、保温，且应从向阳面取土。

(2) 沟槽开挖施工方法。沟槽开挖有人工和机械 2 种施工方法。在管线管径较小、土方量少或施工现场狭窄，地下障碍物多，底槽需支撑，不宜采用机械挖土或深槽作业时，通常采用人工挖土。相反则宜采用机械挖槽。在挖槽时应保证槽底土壤不被扰动和破坏。一般来说，机械挖槽不可能准确地将槽底按规定高程整平，所以在挖至设计槽底以上20cm 左右时停止机械作业，而用人工进行清挖。

（3）沟槽的支撑。当沟槽开挖较深、土质不好或受场地限制开梯形槽有困难而开直槽时，加支撑是保证施工安全的必要措施。支撑形式根据土质、地下水、沟深等条件确定，常分为横板一般支撑、立板支撑和打桩支撑等形式。

施工注意事项如下：

1）撑板与沟壁必须贴紧，撑杠要平直，立木垂直，且要排列整齐，便于拆撑。

2）木撑杠要用扒钉钉牢，金属撑杠下部要钉托木，两端同时旋紧，上下杠松紧一致。在土质良好时一般可随填随拆，如有塌方危险地段可先回土，再起出支撑。

4. 园林给水基础施工

采用管径 200 ～ 300mm 的 PVC 管，在不扰动原土的地基上可以不做基础，否则要做基础。如果采用其他材质，视地基及材质特点而定。铸铁管及钢管在一般情况下可不做基础，将天然地基整平，管道铺设在未经扰动的原土上；如在地基较差或在含岩石地区埋管时，可采用砂基础。砂基础厚度不少于100mm，并应夯实。

承插式钢筋混凝土管敷设时，如地基良好，也可不设基础，如地基较差，则须做砂基础或混凝土基础。砂基础厚度不少于 150 ～ 200mm，并应夯实。采用混凝土基础时，一般可用垫块法施工，管子下到沟槽后用混凝土块垫起，达到符合设计高程时进行接口，接口完毕经水压试验合格后再浇筑整段混凝土基础。若为柔性接口，每隔一段距离应留出600 ～ 800mm 范围不浇混凝土而填砂，使柔性接口可以自由伸缩。

5. 园林给水管道下管与安装

下管前应对管沟进行检查，检查管沟底是否有杂物，地基土是否被扰动并进行处理，管沟底高程及宽度是否符合标准，检查管沟两边土方是否有裂缝及坍塌的危险。另外，下管前应对管材、管件及配件等的规格、质量进行检查，合格者方可使用。采用 PVC（硬聚氯乙烯）管材，下面将这种管材的施工工艺详细叙述。在吊装及运输时，如果是预应力混凝土管或者金属管，应对法兰盘面、预应力钢筋混凝土管承插口密封工作面及金属管的绝缘防腐层等处采取必要的保护措施，避免损伤。采用吊机下管时，应事先与起重人员或吊机司机一起勘查现场，根据管沟深度、土质、附近的建筑物、架空电线及设施等情况，确定吊车距沟边距离、进出路线及有关事宜。绑扎套管应找好重心，使起吊平稳，起吊速度均匀，回转应平稳，下管应低速轻放。人工下管是采用压绳下管的方法，下管的大绳应紧固，不断股、不腐烂。

（1）管材及配件的性能。有以下性能。

1）施工所使用的硬聚氯乙烯给水管管材、管件应分别符合相关要求。如发现有损坏、变形、变质迹象，或其存放超过规定期限时，使用前应进行抽样复验。

2）管材插口与承口的工作面必须表面平整、尺寸准确，既要保证安装时容易插入，又要保证接口的密封性能。

3）硬聚氯乙烯给水管道上所采用的阀门及管件，其压力等级不应低于管道工作压力的 1.5 倍。

4）当管道采用橡胶圈接口（R–R 接口）时，所用的橡胶圈不应有气孔、裂缝、重皮和接缝。

5）当使用橡胶圈做接口密封材料时，橡胶圈内径与管材插口外径之比宜为 0.85～0.9，橡胶圈断面直径压缩率一般采用 40%。

（2）管材及配件的运输及堆放。

1）硬聚氯乙烯管材及配件在运输、装卸及堆放过程中严禁抛扔或激烈碰撞，避免阳光暴晒，若存放期较长，则应放置于棚库内，以防变形和老化。

2）硬聚氯乙烯管材、配件堆放时，应放平垫实，堆放高度不宜超过 1.5m；承插式管材、配件堆放时，相邻两层管材的承口应相互倒置并让出承口部位，以免承口承受集中荷载。

3）管道接口所用的橡胶圈应按下列要求保存：橡胶圈宜保存在低于 40℃的室内，不应长期受日光照射，距一般热源距离不应小于 1m；橡胶圈不能同溶解橡胶的溶剂（油类、苯等）以及对橡胶有害的酸、碱、盐等物质存放在一起，不得与以上物质接触；橡胶圈在保存及运输中，不应使其长期受挤压，以免变形；若管材出厂时配套使用的橡胶圈已放入承口内，可不必取出保存。

（3）硬聚氯乙烯给水管道安装。

1）管道铺设应在沟底标高和管道基础质量检查合格后进行，在铺设管道前要对管材、管件、橡胶圈等重新做一次外观检查，发现有问题的管材、管件均不得使用。

2）管道的一般铺设过程是：管材放入沟槽—接口—部分回填试压。在条件不允许或管径不大时，可将 2～3 根管在地面上接好，平稳放入沟槽内。

3）在沟槽内铺设硬聚氯乙烯给水管道时，如设计中未规定采用的基础形式，可将管道铺设在未经扰动的原土上。管道安装后，铺设管道时所用的临时垫块应及时拆除。

4）管道不得铺设在冻土上，铺设管道和管道试压过程中，应防止沟底冻结。

5）管材在吊运及放入沟槽时，应采用可靠的软带吊具，平稳下沟，不得与沟壁或沟底激烈碰撞。

6）在昼夜温差变化较大的地区，应采取防止因温差产生的应力而破坏管道及接口的措施。橡胶圈接口不宜在 –10℃以下环境施工。

7）在安装法兰接口的阀门和管件时，应采取防止造成外加拉应力的措施。口径大于 100mm 的阀门下方应设支墩。

8）管道转弯的三通和弯头处是否设置推支墩及支墩的结构形式由设计部门决定。管道的支墩不应设置在松土上，其后背应紧靠原状土，如无条件，应采取措施保证支墩的稳定；支墩与管道之间应设橡胶垫片，以防止管道的破坏。在无设计规定的情况下，管径小于 100mm 的弯头、三通可不设置推支墩。

9）管道在铺设过程中可以有适当的弯曲，但曲率半径不得小于管径的 300 倍。

10）在硬聚氯乙烯管道穿墙处，应设预留孔或安装套管，在套管范围内管道不得有接口。硬聚氯乙烯管道与套管间应用非燃烧材料填塞。

11）管道安装和铺设工程中断时，应用木塞或其他盖堵将管口封闭，防止杂物进入。

12）硬聚氯乙烯给水管道橡胶圈接口适用于管外径为 63～315mm 的管道连接。

13）橡胶圈连接应遵守下列规定：检查管材、管件及橡胶圈质量；清理干净承口内橡胶圈沟槽、插口端工作面及橡胶圈，不得有土或其他杂物；将橡胶圈正确安装在承口的橡胶圈沟槽区中，不得装反或扭曲，为了安装方便可先用水浸湿胶圈；橡胶圈连接须在插口端倒角，并应画出插入长度标线，然后再进行连接，最小插入长度应符合规定；切断管材时，应保证断口平整且垂直管轴线；用毛刷将润滑剂均匀地涂在装嵌承口处的橡胶圈和管插口端外表面上，但不得将润滑剂涂到承口的橡胶圈沟槽内，润滑剂可采用 V 型脂肪酸盐，禁止用黄油或其他油类做润滑剂；将连接管道的插口对准承口，保证插入管段的平直，用手动葫芦或其他拉力机械将管一次插入至标线，若插入阻力过大，切勿强行插入，以防橡胶圈扭曲。

（六）管道附属构筑物内容

阀门井、水表井要便于阀门管理人员从地面上进行操作，井内净尺寸要便于检修人员对阀杆密封填料的更换，并且能在不破坏井壁结构的情况下（有时需要揭开面板）更换阀杆、阀杆螺母、阀门螺栓。施工时必须注意以下 4 点：

第一，阀杆在井盖圈内的位置，应能满足地面上开关阀门的需要。

第二，装设开关箭头，以利阀门管理人员明确开关方向。

第三，阀门井内净尺寸应符合设计要求。

第四，阀门井底板（及其垫层）的厚度、混凝土的标号、钢筋布置以及井身砌筑材料与施工图要求一致。

水表井是保护水表的设施，起到方便抄表与水表维修的作用。其砌筑方法大致与阀门井要求相同。

1. 阀门井砌筑

（1）准确地测定井的位置。

（2）砌筑时认真操作，管理人员严格检查。选用同厂同规格的合格砖，砌体上下错缝，内外搭砌，灰缝均匀一致，水平灰缝为凹面灰缝，灰缝宽度宜取 5～8mm，井里口竖向灰缝宽度不小于 5mm，边铺浆边上砖，一揉一挤，使竖缝进浆。收口时，层层用尺测量，每层收进尺寸，四面收口时不大于 3cm，三面收口时不大于 4cm，保证收口质量。

（3）安装井圈时，井墙必须清理干净，湿润后，在井圈与井墙之间摊铺水泥浆，然后稳井圈，露出地面部分的检查井，周围浇筑混凝土，压实抹光。

2. 阀门的检验

（1）阀门的型号、规格符合设计，外形无损伤，配件完整。

（2）对所选用每批阀门，按总数的 10% 且不少于 1 个进行壳体压力试验和密封试验。当不合格时，加倍抽检，仍不合格时，此批阀门不得使用。

（3）壳体的强度试验压力：当试验 $p_n \leqslant 1.0$ MPa 的阀门时，试验压力为 $1.0 \times 1.5 = 1.5$ MPa，试验时间为 8min，以壳体无渗漏为合格。检验合格的阀门挂上标志编号，并按设计图位号进行安装。

3. 阀门的安装

（1）阀门安装时应处于关闭位置。

（2）阀门与法兰临时加螺栓连接。

（3）法兰与管道焊接位置，做到阀门内无杂物堵塞，手轮处于便于操作的位置，安装的阀门应整洁美观。

（4）将法兰、阀门和管线调整同轴，法兰与管道连接处处于自由受力状态时进行法兰焊接、螺栓紧固。

（5）阀门安装后，做空载启闭试验，做到启闭灵活、关闭严密。

4. 管道的支墩

在给水管道中，特别在三通、弯管、虹吸管或倒虹吸管等部位，为避免在供水运行以及做水压试验时，所产生的外推力造成承插口松脱，需要设置支墩。支墩常用形式有以下 2 种。

（1）水平支墩，是为管道承插口克服来自水平推力而设置的，包括各种曲率的弯管支墩、管道分支处的三叉支墩、管道末端的塞头支墩。

（2）垂直弯管支墩，包括向上弯管支墩和向下弯管支墩 2 种，分别是为克服水流通过向上弯管和向下弯管时所产生的外推力而设置的。

（七）试压试验的操作方法

每 500m 进行一次打压试验，压力为设计使用压力的 1.5 倍，但与环境温度有关系。国标要求标准温度为 20℃，环境温度越高，管道的承压能力越低。具体的操作方法是：

将管道掩埋，但要留出接口部位，将管道终端用管堵封死，在管道的最高处安装排气阀，打开排气阀，向管道缓慢注水，等排气阀出水，无气泡出现时，关闭排气阀（或使用自动排气阀），继续缓慢注水，缓慢升压，每升一个压力要停顿一段时间，等升到要求的压力后要停止打压，看压力是否迅速下降，如迅速下降，可能就有爆管或未连接好的地方，反之就是合格。

园林里可以用简单的试压方式，就是等管道全部安装完毕后，各用水点全部打开水龙头，等所有水龙头都出水且无气泡出现后，关闭水龙头，缓慢升压，到指定压力后，停止打压，看压力表是否稳压。压力表稳定两小时即为合格。园林里很少出现所用水点同时用水的情况，所以这种方法比较保险。

（八）管内防腐的主要方法

给水管材中铸铁管要进行管内防腐。常用管材的防腐可以按下面的方法和标准进行。管内防腐多采用水泥砂浆内喷涂的方法。给水管道内喷涂防腐主要采用 2 种方法：

（1）地面离心法，即管道埋设前在地面上进行离心喷射。

（2）地下喷涂法，即管道埋设地下后，无论新管或旧管，用机械进入管道进行喷射。

管内防腐必须在水压试验，土方回填验收合格，管道变形基本稳定后进行。防腐前，管道内壁须清扫干净，去除疏松的氧化铁皮、浮锈、泥土、油脂、焊渣等杂物。

管内防腐所用水泥的标号为 32.5 或 42.5，所用砂的颗粒要坚硬、洁净，级配良好，水泥砂浆抗压强度不得低于 30MPa。管段里水泥砂浆防腐层达到终凝后，必须立即进行浇水养护或在管段内注水养护，保持管内湿润状态 7 天以上。

（九）工程验收和管沟回填

1. 管道的工程验收

管道工程的中间验收要在管道施工期间进行，分别对土石方工程、管道安装工程进行检查，施工单位要请监理公司亲临现场进行工程质量检查，并做好中间验收记录，双方会签。验收标准如下。

（1）管道的坡度应符合设计要求。

（2）金属管道的承插口和套箍接口的结构及所用填料应符合设计要求和施工规范规定，灰口密实、饱满、平整、光滑，环缝间隙均匀，灰口养护良好，填料凹入承口边缘不大于 2mm，胶圈接口平直、无扭曲，对口间隙准确，胶圈接口回弹间隙符合设计要求。

（3）镀锌碳素钢管道的螺纹连接质量要求：达到管螺纹加工精度，符合国际管螺纹规定，螺纹清洁、规整、无断丝、连接牢固；钢管及管件的镀锌层无破损，螺纹露出部分防腐蚀良好，接口处无外露油麻等缺陷。镀锌碳素钢管无焊接口。

（4）镀锌碳素钢管道的法兰连接要求：对接平行、紧密，与管中心线垂直，螺杆露出螺母的长度一致，且不大于 1/2 螺杆直径，螺母在同侧，衬垫材质符合设计要求和施工规范规定。

（5）管道支（吊、托）架及管座（墩）的安装要求：构造正确、埋设平正牢固、排列整齐，支架与管道接触紧密。

（6）阀门安装质量要求：型号、规格、耐压强度和严密性试验符合设计要求和施工规范规定，位置、进出口方向正确，连接牢固、紧密，启闭灵活，朝向合理，表面洁净。

（7）埋地管道的防腐层质量要求：材质和结构符合设计要求和施工规范规定，卷材与管道以及各层卷材间粘贴牢固；表面平整，无折皱、空鼓、滑移和封口不严等缺陷。

（8）管道和金属支架涂漆质量要求：油漆种类和涂刷遍数符合设计要求，附着良好，无脱皮、起泡和漏涂；漆膜厚度均匀，色泽一致，无流淌及污染缺陷。

（9）允许偏差项目：室外给水管道安装在允许偏差值以内。

上述工作合格后，管道才能进行埋土。

2. 管沟的土方回填

（1）管沟的土方回填应按要求进行，管顶以上 500mm 处均使用人工回填夯实。在管顶以上 500mm 到设计标高可使用机械回填和夯实。检查井周围 500mm 内作为特夯区，回填时，人工用木夯或铁夯仔细夯实，每层厚度控制在 10cm 内。严禁回填建筑垃圾和腐殖土，防止路面成形后产生沉陷。

（2）回填土的铺土厚度根据夯实机具体确定。人工使用的木夯、铁夯，每层夯实厚度小于 200mm；机械夯，每层夯实厚度为 250mm。夯填土一直回填到设计地平，管顶以上埋深不小于设计埋深。

（十）冲洗消毒的标准方法

给水管道的冲洗消毒是给水工程的最后一道工序，是保证工程质量的重要环节，给水管道在安装、试压合格后，必须进行冲洗消毒，使管内的水符合用水卫生标准。

管道冲洗，就是把管内的污泥、脏水、杂物全部冲洗干净。管道的冲洗消毒要求冲洗水的流速最好不小于 1～1.5 m/s，否则不易把管内杂物冲排掉，因此最好选择从高处向低处、从大口径管道向小口径管道的方向冲洗。排水口宜选在下水管道通畅或有沟、渠、河流的地方。进水口按冲洗水量考虑 1 个以上。当排水口设在管道中段时，应从两端分别冲洗；当管道分布较复杂或管线很长时，应设置多个入水口或多个排水口，以达到最佳冲洗效果。在管线较短时，在入口处设一个投药口便可满足需要，当管线较长、管网较复杂时，则应分段设置，以保障全线管道投药的均匀性。投药口的位置宜选在管线上的排气阀或消火栓处，避免在管道上。另外，开口投药方式应根据投药口所在位置的高低来决定：若在高处，一般采用自然加入法；若在低处，可以采用电动泵或手摇泵加入。

二、园林排水工程施工技术

（一）园林排水的系统

排水系统的体制有合流制排水系统、分流制排水系统。

（1）合流制排水系统。将生活污水、工业废水和雨水混合在一个管渠内排除的系统。又分为直排式合流制、截流式合流制和全处理合流制。

（2）分流制排水系统。将生活污水、工业废水和雨水分别在 2 个以上各自独立的管渠内排除的系统。又可分为完全分流制、不完全分流制和半分流制。

（二）园林排水的特点

（1）园林排水主要是排除雨水和少量生活污水。

（2）园林中为满足造景需要，形成山水相依的地形特点，有利于地面水的排除，雨水可排入水体，充实水体。

（3）园林可采用多种方式排水，不同地段可根据其具体情况采用适当的排水方式。

（4）排水设施应尽量结合造景。

（5）排水的同时还要考虑土壤能吸收到足够的水分，以利植物生长；干旱地区尤应注意保水。

（三）园林排水的方式

园林排水方式除地表径流（径流是指经土壤或地被植物吸收及在空气中蒸发后余下的，在地表面流动的那部分天然降水）外还有 3 种基本方式，即地面排水、沟渠排水和管道排水，三者之间以地面排水最为经济。

在我国，大部分公园绿地都采用以地面排水为主、沟渠和管道排水为辅的综合排水方式。

1. 地面排水

地面排水主要用来排除天然降水，尽量利用地形将降水排入水体，降低工程造价。但是，在地面排水时，由于地表径流的流速过大，对地表造成冲刷是必须解决的主要问题。解决这个问题可以从 4 方面着手。

（1）竖向设计。注意控制地面坡度，使之不致过陡，有些地段如不可避免设计较大坡度，应另采取措施以减少水土流失；同一坡度（即使坡度不太大）的坡面不宜延续过长，应该有起有伏，使地表径流不致一冲到底，形成大流速的径流；利用盘山道、谷线等拦截和组织排水，减少或防止对表土的冲蚀。

（2）工程措施。我国园林中有关防止冲刷、固坡及护岸的措施很多，常见的工程措施有谷方、挡水石、护土筋、水簸箕等。

（3）利用地被植物。裸露地面很容易被雨水冲蚀，有植被则不易被冲刷。原因在于以下 2 个方面：

1) 植物根系深入地表将表层土壤颗粒稳固住，使之不易被地表径流带走。

2) 植被本身阻挡了雨水对地表的直接冲击，吸收部分雨水并减缓了径流的流速。所以加强绿化，是防止地表水土流失的重要手段之一。

（4）埋管排水。利用路面或路两侧明沟将雨水引至濒水地段或排放点，设雨水埋管将水排出。

2. 管道排水

管道的最小覆土深度根据雨水井连接管的坡度、冰冻深度和外部荷载情况决定。雨水管的最小覆土深度不小于 0.7m。雨水管道的最小坡度规定：道路边沟的最小坡度不小于 0.002。梯形明渠的最小坡度不小于 0.0002。各种管道在自流条件下的最小容许流速不得小于 0.75m/s。排水管的最大设计流速金属管为 10m/s，非金属管为 5m/s。雨水管最小管径不小于 300mm，一般雨水口连接管最小管径为 200mm，最小坡度为 0.01。公园绿地的径流中挟带泥沙及枯枝落叶较多，容易堵塞管道，故最小管径限值可适当放大。

3. 沟渠排水

（1）梯形明渠排水。为了便于维修和排水通畅，渠底宽度不得小于 30cm。梯形明渠的边坡坡度，用砖石或混凝土块铺砌的一般采用 1 : 0.75 ～ 1 : 1。

（2）暗渠排水。暗渠又称为盲沟，是一种地下排水渠道，用以排除地下水，降低地下水位。

暗渠排水的优点为：取材方便，可利用砖石等料，造价低廉；不需要检查井或雨水井之类的排水构筑物，地面不留"痕迹"，从而保持了绿地或其他活动场地的完整性；对公园草坪的排水尤其适用。

暗渠的布置。依地形及地下水的流动方向可做成干渠和支渠相结合的地下排水系统，暗渠渠底纵坡坡度不小于 5%，只要地形等条件许可，纵坡坡度应尽可能取大些，以利于地下水的排出。常用的布置形式为树枝式、鱼骨式、铁耙式。

暗渠埋深和间距。暗渠的排水量与其埋置深度和间距有关，而暗渠的埋深和间距又取决于土壤的质地。

1) 暗渠的埋置深度。影响埋深的因素有以下方面：植物对水位的要求，例如草坪区暗渠的深度不小于 1m，不耐水的松柏类乔木，要求地下水距地面不小于 1.5m；受根系破坏的影响，不同的植物其根系的大小深浅各异；受土壤质地的影响，土质疏松可浅些，黏重土应该深些；地面上有无荷载；在北方冬季严寒地区，还有冰冻破坏的影响。暗渠埋置的深度不宜过浅，否则表土中的养分易被冲走。

2) 支管的设置间距。暗渠支管的数量与排水量及地下水的排除速度有直接的关系。

在公园或绿地中如须设暗沟排地下水以降低地下水位，暗渠的密度可根据数据选择。

暗渠的造型因采用透水材料的不同而类型多种多样。我国南方某城市为降低地下水而设置的一段排水暗渠，这种以透水材料和管道相结合的排水暗渠能较快地将地下水排出。

（四）园林排水的流程

1. 园林排水施工准备

园林排水施工准备工作需要注意对管线的平面布局、管段的节点位置、不同管段的管径、管底标高、阀门井以及其他设施的位置进行复核，以及是否符合给水接入点等情况。

2. 园林排水定点放线

可参照给水工程定点放线，对测量结果进行记录、整理、分析、复核，经批准后才能进入施工阶段。

3. 园林排水基槽开挖

选择梯形槽断面，机械和人工混合的方式开挖，反铲挖掘机分段（每段不超过350m）进行，一侧出土，人工配合修整基槽边、清底。

4. 园林排水管道基础

（1）排水管道基础组成及形式。排水管道基础一般由地基、基础和管座等3个部分组成。管道的地基与基础要有足够的承载力和可靠的稳定性，否则排水管道可能产生不均匀沉陷，造成管道错口、断裂、渗漏等现象，导致附近地下水的污染，甚至影响附近建筑物的基础。根据管道的性质、埋深、土壤的性质、荷载情况选择管道基础，常用的形式有素土基础、灰土基础、砂垫层基础、混凝土枕基和带形基础。

（2）基础选择。根据地质条件、布置位置、施工条件、地下水位、埋深及承载情况确定排水管基础。

1）干燥密实的土层，管道不能在车行道下，地下水位低于管底标高，埋深为0.8～3.0m；几根管道合槽施工时，可用素土和灰土基础，但接口处必须做混凝土枕基。

2）岩土和多石地层采用砂垫层基础，砂垫层厚度不宜少于200mm，接口处应做混凝土枕基。

3）一般土层或各种混凝土层以及车行道下敷设的管道，应根据具体情况，采用混凝土带形基础（90～180°）。

4）地基松软或不均匀沉降地段，抗震烈度为8°以上的地震区，管道基础和地基应采取相应的加固措施，管道接口应采用柔性接口。

5. 园林排水下管方法

下管的方法很多，应以施工安全、操作方便为原则，并根据工人操作的熟练程度、管径大小、每节管子的长度和重量、管材接口强度、施工环境、沟槽深度及吊装设备供应条件，合理地确定下管方法。

下管一般都沿着沟槽把管子下到槽位，管子下到槽内基本上就位于铺管的位置，宜减少管在沟槽内的搬动，这种方法称为分散下管。如果沟槽旁场地狭窄、两侧堆土，或沟槽内设支撑，分散下管不便，或槽底宽度大，便于槽内运输时，则可选择适宜的几处集中下管，再在槽内把管子分散就位，这种方法称为集中下管。施工中为了减少槽内接口的工作量，也可以在地面上先将几节管接口接好再下管，这种方法称为长串下管。采用这种方法下管时，接口的强度要能承受震动与挠曲，因此，长串下管主要用于焊接钢管。

(1) 沟槽的检查。下管前应对沟槽进行检查,检查槽底是否有杂物,有杂物应清理干净,槽底如遇棺木、粪污等不洁之物，应清除干净，并做地基处理，必要时须消毒。

检查槽底宽度及高程，应保证管道结构每侧的工作宽度，槽底高程要符合现行的检验标准，不合格者应进行修整。

检查槽帮是否有裂缝及坍塌的危险，如有危险应用支撑加固等方法处理。

(2) 下管。管子经过检验、修复后运至沟线按设计排管，经核对管节、管件位置无误后方可下管。人工下管多用于重量不大的中小型管子，以施工安全操作方便为原则，可根据工人操作的熟练程度、管材重量、管长、施工环境、沟槽深浅等因素进行选用。主要采用压绳下管法。当管径较小、管重较轻时，如陶土管、塑料管、直径 400mm 以下的铸铁管、直径 600mm 以下的钢筋混凝土管，可采用人工方法下管。大口径管子，只有在缺乏吊装设备和现场条件不允许机械下管时，才采用人工下管。采用直径 300mm 的铸铁管，考虑到管径不大，可以采用人工下管的方式。

机械下管一般指使用汽车式或履带式起重机下管。下管时，起重机沿沟槽开行。当沟槽两侧堆土时，其中一侧堆土与槽边应有足够的距离，以便起重机运行。起重机距沟边至少 1.0m，保证槽壁不坍塌。根据管子重量和沟槽断面尺寸选择起重机的起重量和起重杆长度。起重杆外伸长度应能把管子吊到沟槽中央。管子在地面的堆放地点最好也在起重机的工作半径范围内。

6. 园林排水稳定管子

稳管是将管子按设计的高程与平面位置稳定在地基或基础上。

排水管道的铺设位置应严格符合设计要求，其中心线允许偏差 10mm；管内底高程允许偏差 10mm；相邻管内底错口不得大于 3mm。要保证铺管不发生反坡。相邻两节管子的管底应齐平，以免水中杂物沉淀和流水淤塞。为避免因紧密相接而使管端头损坏，使用柔性接口能承受少量弯曲，两管之间须留 1cm 左右的间隙。

施工中用边线法控制管道中心位置，用高程度控制管内高程。用边线法控制管道中心线时，在给定的中线桩一侧以管径半径加 10cm 为数值钉铁钉，挂边线，高度为管半径，用以控制安管时的中心线位置；用高程桩控制管内高程时，连接槽内两边沟壁上的高程钉，在绷紧的高程连接线上挂高程线，根据下返数值控制安管高程。这种方法也适用于其他管材在稳管施工中控制高程和平面位置。

7. 园林排水管道安装

（1）常用管材管口形式。

1）预制混凝土管和钢筋混凝土管。预制的混凝土管和钢筋混凝土管，可以在专门的厂家预制，也可以现场浇制。管口形状有承插口、平口、圆弧口、企口等。

2）陶土管。陶土管一般制成圆形断面，有承插式和平口式 2 种形式。

（2）排水管道的接口形式。管道接口的质量在很大程度上决定排水管道的不透水性和耐久性。管道接口应具有足够的强度，不透水，能抵抗污水和地下水的侵蚀，并要有一定的弹性。根据接口的弹性，一般分为柔性接口、刚性接口和半柔半刚性接口 3 种形式。

柔性接口允许管道纵向轴线交错 3 ～ 5mm 或交错一个较小的角度，而不致引起渗漏。常用的柔性接口有沥青卷材接口及橡胶圈接口。沥青卷材接口用在无地下水、地基软硬不一、沿管道轴向沉陷不均匀的无压管道上。橡胶圈接口使用范围更加广泛，特别是在地震区，对管道抗震有显著作用。柔性接口施工复杂，造价较高。

刚性接口不允许管道有轴向的交错，但比柔性接口施工简单、造价低，因此采用较广泛。常用的刚性接口有水泥砂浆抹带接口、钢丝网水泥砂浆抹带接口。刚性接口抗展性能差，适用在地基比较良好、有带形基础的无压管道上。

预制套环石棉水泥接口属于半柔半刚性接口，介于柔性和刚性 2 种形式之间，使用条件和柔性接口相似。

采用承插口铸铁管，安装时先将铸铁管分段排放，再带线分段连接，排水铸铁管采用水泥接口，接口前油麻填塞应密实，接口水泥应密实饱满，其接口面凹入边缘深不得大于 2mm。排水铸铁管外壁在安装前除锈，涂两遍石油沥青漆，防止管道生锈。承插接口的排水管道安装时，管道和管件的承口与水流方向相反，以利排水。

8. 园林排水查井砌筑

（1）做管道基础时，准确地测定井的位置，排水管管口伸入井室 30mm。

（2）砌筑砂浆应有适当的和易性与稠度，用砂浆搅拌机搅拌时间不少于 1.5min，保证其成分、颜色、塑性均匀一致。干砖应充分浇水湿润，不得有干芯，黏土砖的含水率在 10% ～ 15% 之间；铺浆长度不超过 50cm，采用边摊浆边砌砖，"一铲灰、一块砖、一揉挤"的"三一砌砖法"砌筑，提高砂浆与砖之间的黏结力，增加抗剪强度；不得冲浆灌缝。

（3）砌筑时认真操作，管理人员严格检查，选用同厂同规格的合格砖；砌体上下错缝、内外搭接、灰缝均匀一致，水平做凹面灰缝，宜取 5 ～ 8mm，井里口竖向灰缝宽度不小于

5mm，边铺浆边上砖，一揉一挤，使竖缝进浆；砌筑景墙时留出茬口，以便与流槽砌筑搭接；收口时，层层用尺测量，每层收进尺寸，四面收口时不大于3cm，三面收口时不大于4cm，保证收口质量。

（4）砌筑井室内的流槽时，应交错插入井墙，使井墙与流槽成一体，同时流槽过水断面与上、下游水断面相符。

（5）井室抹面前将墙面残浆清除干净，洒水湿润，抹面后及时封井口，保持井内湿度。

（6）井室砌筑及管道安装完毕后，在两井室之间进行严密性试验；按规范要求试验合格后，方可进行下道工序。

9. 园林排水管道试验

污水、雨污水合流及湿陷土、膨胀土地区的雨水管道，回填土前应采用闭水法进行严密性试验。试验管段应按井距分隔，长度不宜大于1km，带井试验。

严密性试验时，试验管段应符合相关规定：①管道及检查井外观质量已验收合格；②管道未回填土且沟槽内无积水；③全部预留孔应封堵，不得渗水；④管道两端堵板承载力经核算应大于水压力的合力；⑤除预留进出水管外，应封堵坚固，不得渗水。

管道严密性试验时，应进行外观检查，不得有漏水现象，当符合规定时，管道严密性试验为合格。异形截面管道的允许渗水量可参考周长折算的圆形管道。在水源缺乏的地区，当管道内径大于700mm时，可按1/3井段数量进行抽验。

10. 园林排水沟槽回填

排水管道施工完毕并经检验合格后，沟槽应及时进行回填土。"沟槽回填及检查井周边回填的压实度，不但直接影响管道工程的质量，还会间接影响路基路面结构的质量。"[1]不得掺有混凝土碎块、石块和大于100mm的坚实土块，管顶以下的回填土必须对称进行，并应分层仔细夯实。在管顶以上1.0m范围内回填土时，应注意不能损坏管道。回填土应分层夯实，人工夯实时每层铺筑厚度不大于0.2m，机械夯实时每层铺筑厚度不大于0.3m，回填土应及时进行，防止发生浮管。不允许沟槽内长期积水。

（1）回填前。预制管铺设管道时，现场浇筑的混凝土基础的强度和接口抹带或预制构件现场装配的接缝水泥砂浆强度不应小于5N/mm²；无压管道的沟槽应在闭水试验合格后及时回填。

（2）回填时。槽顶至管顶以上500mm范围内，不得含有有机物以及大于50mm的砖、石等硬块；在抹带处、防腐绝缘层或电缆周围，应采用细粒土回填；采用土、砂、沙砾等材料回填时，其质量要求应按设计规定执行；回填土的含水量控制在最佳含水量附近。

（3）回填土或其他回填材料运入槽内时，不得损伤管节及其接口。根据一层虚铺

---

① 张华锋：《浅谈城镇给排水管道沟槽回填的技术要点》，载《建材与装饰》2018年第18期，第6-7页。

厚度的用量将回填材料运至槽内，且不得在影响压实范围内堆料；管道两侧和管顶以上500mm范围内的回填材料，应由沟槽两侧对称运入槽内，不得集中堆入；需要拌和的材料，应在运入槽内前拌和均匀，不得在槽内拌和。

（4）沟槽回填土或其他材料的压实。回填土压实应逐层进行，且不得损伤管道；管道两层和管顶以上500mm范围内应采用轻夯压实，管道两层压实面的高差不应超过300mm；分段回填压实时，相邻段的接茬应呈梯形，且不得漏夯；回填材料压实后应与井壁紧贴。沟槽回填压实度要符合标准。

第二节　园林喷灌工程施工技术

喷灌是喷洒灌溉的简称，它是利用专门的设备（动力机、水泵、管道等）把水加压，或利用水的自然落差将有压水送到灌溉地段，通过喷洒器（喷头）喷射到空中散成细小的水滴，均匀地散布在田间进行灌溉。喷灌和其他灌溉方式比较，有很多优点，如有利于浅浇勤灌节约用水、改善小气候、不破坏花木、减小劳动强度、便于控制灌水量、不产生冲刷、保持土壤肥力等，它是一种先进的灌溉方式，缺点是初始投资较大。

一、喷灌系统的组成

一个完整的绿地喷灌系统一般由水源、首部枢纽、管网和喷头等组成。

1.水源。绿地喷灌系统的水源有多种形式，一般多用城市供水系统作为喷灌水源。另外，井泉、湖泊、水库、河流也可作为水源。无论采用哪种水源，应满足喷灌系统对水质和水量标准的要求。

2.首部枢纽。首部枢纽一般包括动力设备（电动机、柴油机、汽油机等）、水泵（离心泵、潜水泵等）和控制设备（减压阀、逆止阀、泄水阀等）。其作用是从水源取水，并对水进行加压和系统控制。首部设备的设置，可视系统类型、水源条件及用户要求有所增减。当城市供水系统的压力满足不了喷灌工作压力的要求时，可建专用水泵站、加压水泵室等，有时可在自来水管路上加装一台管道泵即可。

3.管网。喷灌系统的管网是由不同管径的管道（干管、分干管、支管等），通过各种相应的管件、阀门等设备将其连接而成的供水系统。其作用是将压力水输送并分配到所需喷灌的绿地种植区域。喷灌系统管网所需管材多采用施工方便，水力学性能良好且不会锈蚀的塑料管为主要材料，如UPVC管、PE管、PPR管等，这些塑料管道已成为现代喷灌工程的主要管材。另外，在管网安装时应根据需要在管网中安装必要的安全装置，如进排气阀、限压阀、泄水阀等。

4.喷头。喷头是喷灌系统的专用设备，其作用是将有压力的集中水流，通过喷头孔嘴喷洒出去，将水分散成细小水滴，如同降雨一般均匀地喷洒在绿地种植区域。

二、喷灌系统的类型

（一）固定式喷灌系统

固定式喷灌系统由水源、水泵、管道系统和喷头组成。该喷灌系统有固定的泵站，供水的干管、支管均埋于地下，喷头固定于竖管上，也可按轮灌顺序临时安装。另有一种较先进的固定喷头，喷头不工作时，缩入套管或检查井内，使用时打开阀门，利用水压，把喷头顶升到一定高度进行喷洒。喷灌完毕，关上阀门，喷头便自动缩入套管或检查井内。这种喷头便于管理，不妨碍地面活动，不影响景观效果，如在高尔夫球场多采用。

固定式喷灌系统的设备费用较高，投资较大，但操作方便，节约劳力，便于实现自动化和遥控操作。适用于经常灌溉及灌溉期较长的草坪、大型花坛、花圃、庭院绿地等。

（二）移动式喷灌系统

移动式喷灌系统其动力（电动机或汽油发动机）、水泵、管道和喷头等是可以移动的，由于管道等设备不必埋入地下，所以投资较省，机动性强，但移动不方便，易损坏苗木，工作劳动强度大。适用于有池塘、河流等天然水源地区的园林绿地、苗圃和花圃灌溉。

（三）半固定式喷灌系统

半固定式喷灌系统的泵站和干管固定或埋于地下，通过连接干管、分干管伸出地面的给水栓向支管供水，支管、竖管及喷头可移动。其设备利用率较高，运行管理比较方便，多用于大型花圃、苗圃及公园的树林区。

三、管材与管件类型

（一）硬聚氯乙烯（UPVC）管

（1）管材硬聚氯乙烯管材是以聚氯乙烯树脂为主要原料，加入无毒专用助剂，经混合、塑化、挤出或注射成形而成。具有抗冲击强度高，表面光滑，流体阻力小，耐腐蚀，质地轻，导热系数小，便于运输、贮存、安装和使用寿命长等特点。

（2）管件绿地喷灌系统使用的管件主要是给水系列的一次成型管件，有胶合承插型、弹性密封圈承插型和法兰连接型3个类型。

（二）聚乙烯（PE）管

（1）管材聚乙烯管材是以聚乙烯树脂为主要原料，配一定量的助剂，经挤出成形加工而成。具有质轻、耐腐蚀、无毒、易弯曲、施工方便等特点。

聚乙烯管材有高密度聚乙烯（HDPE）和低密度聚乙烯（1DPE）2种。前者由于价格较贵，在喷灌系统中很少采用；后者质地较软，适合在较复杂的地形敷设，在绿地喷灌系统中常被使用。

（2）管件低密度聚乙烯（1DPE）管材可采用注塑成形的组合式管件连接。当管径较大时，一般用金属加工制成的法兰盘代替锁紧螺母进行连接。

（三）聚丙烯（PPR、PPC）管

（1）管材聚丙烯管材是以聚丙烯树脂为主要原料，加入适当稳定剂，经挤出成形加工而成。具有质轻、耐腐蚀、耐热性较高、施工方便等特点。由于管材耐热性好，在太阳直射下，可长时间暴露在外并正常使用，故多用于移动式或半固定式喷灌系统。

（2）管件聚丙烯树脂是一种高结晶聚合物，其管件在加工温度为 $160 \sim 170 \, ℃$ 时，采用甘油浴方式加工而成。

四、喷头类型与形式

（一）喷头类型

1. 固定式喷头

固定式喷头工作时喷出的水流可以是一束、多束或呈扇形。常见的形式有全圆形、3/4 圆弧形、2/3 圆弧形、半圆形、1/3 圆弧形和 1/4 圆弧形，特殊形式也有带状的。其工作压力较低，为 $100 \sim 200 \, kPa$，工作半径一般为 $1.5 \sim 7m$。适于庭院、小规模绿化喷灌和四周有障碍物阻挡时使用。

2. 旋转式喷头

旋转式喷头都有 1 个或 2 个喷嘴，其喷洒角度一般从 $20 \sim 240°$ 可调，许多还可以做全圆喷洒。同固定式喷头比较，旋转式喷头工作压力较高，大多数喷头工作压力在 $150 \sim 700 \, kPa$，射程范围较小的在 $6m$，大的可达 $30m$ 以上。适用于大面积园林绿地和运动场草坪喷灌。

（二）布置形式

固定式喷灌系统引水路径是：从水源引水至泵房，通过水泵加压再输送给干管，干管输给分干管至支管，支管上竖立管再接喷嘴，在分干管或支管上设阀门控制喷嘴数量和喷洒面积。

喷头布置形式也称喷头的组合形式，是指各喷头的相对位置安排。在布置喷头时，应充分考虑当地的地形条件、绿化种植和园林设施对喷洒效果的影响，力求做到科学合理。在喷头射程相同的情况下，不同的布置形式，其支管和喷头的间距也不同。

五、园林喷灌工程施工流程

（一）园林喷灌定点放线

（1）水泵位置：确定水泵的轴线、泵房的基脚位置和开挖深度。

（2）管道位置：对喷灌区场地进行平整，根据管道系统布置图，确定管道的轴线、弯头、三通、四通和竖管的位置和管槽的深度。用线桩或拉线和白灰，在地面上将管道中心线及待开挖的沟槽边线标出来。

（二）园林喷灌沟槽开挖

（1）开挖工艺管道位置确定后，采用人工挖槽或机械挖槽。当土质松软、地下水位较低和开挖时地下有需要保护设施的地段采用人工挖；当土质坚硬、地下水位较高和开挖地段无地下其他管线或设施时，采用机械挖槽。

（2）沟槽处理沟槽断面可根据挖槽深度和土质情况而定。直形（矩形）槽适合于深度小、土质坚硬的地段；梯形槽适用于深度较大、土质较松软的地段。沟槽底宽开挖大小为管道基础宽度加上 2 倍的工作宽度，工作宽度可根据管径大小而定，一般不大于 0.8m。沟槽深度应按管道设计纵断面图确定。

（3）基坑处理当沟槽开挖深度不超过 15cm 时，可用挖槽原土回填夯实，其压实度不应低于原地基土的密实度。如出现排水不良造成地基土扰动时，扰动深度在 10cm 以内，宜采用填天然配砂石或沙砾处理。一般基坑开挖后，应立即浇筑基础铺设管道，以免长时间敞开造成塌方和风化底土。

（三）园林喷灌浇筑基座

常用一个木框架，浇筑混凝土，即按水泵基脚尺寸打孔，按水泵的安装条件把基脚螺钉穿在孔内进行浇筑。此工序关键在于严格控制基脚螺钉的位置和深度。

（四）园林喷灌安装方法

1. 安装水泵

用螺丝将水泵平稳紧固于混凝土基座上，要求水泵轴线与动力轴线相一致，安装完毕后应用侧隙规检查同心度，吸水管要尽量短而直，接头严格密封不能漏气。

2. 管道连接

（1）硬聚氯乙烯（UPVC）管接口方式与做法。

1）焊接焊枪喷出热空气达到 200 ~ 240℃，使焊条与管材同时受热，成为韧性流动状态，达到塑料软化温度时，使焊条与管件相互黏接而焊牢。

2）法兰连接一般采用可拆卸法兰接口，法兰为塑料材质。法兰与管口间连接采用焊接、凸缘接和翻边接方式。

3）承插黏接先进行承口扩口作业。将工业甘油加热至 140℃，管子插入油中深度为承口长度加 15mm，经过 1min 将管取出，并在定型规格钢模上撑口，置于冷水冷却之后，拔出冲子，承口即制成。承插口环向间隙为 0.15～0.30mm。黏接前，用丙酮将承插口接触面擦洗干净，涂 1 层"601"黏结剂，再将承接口连接。

4）胶圈连接将胶圈弹进承口槽内，使胶圈贴紧于凹槽内壁，在胶圈与插口斜面涂一层润滑油，再将插口推入承口内，这是采用手插拉入器插入的。

（2）聚丙烯（PPR、PPC）管接口方式与做法。

1）焊接将待连接管两端制成坡口，用焊枪喷出约 240t 的热空气，使两端管材及聚丙烯焊条同时熔化，再将焊枪沿加热部位后退即成。

2）加热插黏接将工业甘油加热到约 170℃，再将待安管管端插入甘油内加热，然后在已安管管端涂上黏结剂，将其油中加热管端变软的待安管从油中取出，再将已安管插入待安管管端，冷却后接口即完成。

3）热熔压紧法将两端接管管端对接，用约 50℃ 恒温电热板夹置于两管端之间，当管端熔化后，即把电热板抽出，再用力压紧熔化的管端面，冷却后接口即接成。

4）钢管插入搭接法将待接管管端插入约 170℃ 甘油中，再将钢管短节的一端插入到熔化的管端，经冷却后将接头部位用钢丝绑扎；再将钢管短节的另一头插入熔化的另一管端，经冷却后用钢丝绑扎。如此，两条待安管由钢管短节插接而成。

聚乙烯（PE）管接口方式有焊接法、承插黏接法、热熔压紧、承插胶圈法及钢管插入搭接法。

（五）园林喷灌管道冲洗

管道安装好后，先不装喷头，一般是开泵冲洗管道，将竖管敞开任其自由溢流，把管道中的泥沙等全部冲出来，防止堵塞喷头。喷灌管网可不做消毒处理。

（六）园林喷灌管道试压

管道试压的做法是：将管网开口部分全部封闭，竖管用堵头封闭，逐段进行试压。试压的压力应比工作压力大一倍，保持这种压力 10～20min，各接头如发现漏水应及时修补，直至不漏为止。

（七）园林喷灌沟槽回填

管道试压合格后，应及时回填沟槽，如管道埋深较大应分层轻轻夯实。回填前沟槽内砖、石、木块等杂物要清除干净；沟槽内不得有积水。

第三节　园林水景工程的施工技术

一、水景工程的功能

（一）美化环境空间

人造水景是建筑空间和环境创作的一个组成部分，主要由各种形态的水流组成。水流的基本形态有镜池、溪流、叠流、瀑布、水幕、喷泉、涌泉、冰塔、水膜、水雾、孔流、珠泉等，若将上述基本形式加以合理的组合，又可以构成不同姿态的水景，水景配以音乐、灯光形成千姿百态的动态声光立体水流造型，不但能装饰、衬托和加强建筑物、构筑物、艺术雕塑和特定环境的艺术效果和气氛，而且有美化生活环境的作用。

（二）改善小区气候

（1）增加附近空气的湿度，尤其在炎热干燥的地区，其作用更加明显。

（2）增加附近空气中负离子的浓度，减少悬浮细菌数量，改善空气质量。

（3）可以大大减少空气中的含尘量，使空气清新洁净。

（三）综合利用资源

（1）各种喷头的喷水降温作用，使水景工程兼做循环冷却池。

（2）水池容积较大，水流能起充氧防止水质腐败的作用，使之兼做消防放水池或是绿化储水池。

（3）水流的充氧作用，使水池兼做养鱼池。

（4）水景工程水流的特殊形态和变化，适合儿童好动、好胜、亲水的特点，使水池兼做儿童戏水池。

（5）水景工程可以吸引大批游客，为公园、商场、展览馆、游乐场、舞厅、宾馆等招徕顾客进行广告宣传。

（6）水景工程本身也可以成为经营项目，进行各种水景表演。

二、水景工程的类型

（一）按水景工程的形式分类

1. 自然式水景

利用天然水面略加人工改造，或是依据地势模仿自然水体"就地凿水"的水景。这类水景有河流、湖泊、池沼、溪泉、瀑布等。

2. 规则式水景

人工开凿成几何形状的水体，如运河、几何形体的水池、喷泉、壁泉等。

（二）按水景的使用功能分类

1. 观赏的水景

水景的功能主要是构成园林景色，一般面积较小。如水池，一方面能产生波光倒影；另一方面又能形成风景的透视线。溪涧、瀑布、喷泉等除可以观赏水的动态外，还能聆听悦耳的水声。

2. 开展水上活动

这种水体一般面积较大，水深适当，而且为静止水。其中供游泳的水体，水质一定要清洁，在水底和岸线最好有一层砂土，或人工铺设，岸坡要和缓。这些水体除了满足各种活动的功能要求外，还必须考虑到造型的优美及园林景观的要求。

（三）按水源的状态分类

1. 静态的水景

水面比较平静，能反映波光倒影，给人以明洁、清宁、幽深的感觉，如湖、池、潭等。

2. 动态的水景

水流是运动着的，如涧溪、跌水、喷泉、瀑布等。它们有的水流湍急，有的涓涓如丝，有的汹涌奔腾，有的变化多端，使人产生欢快、清新的感受。

三、静水设计的形式

水体的平面形状直接影响水景的风格和景观效果。通常静水设计表现为自然式、规则式和混合式 3 种形式。

（一）自然式

自然式水体的轮廓为几何形或几何形的组合，其驳岸多为整齐的直驳岸，用条石、块石和砖等砌筑。自然式静水有着近似于天然湖泊的景观特质，是人工对大自然的模仿和再现。自然式静水的特点是平面曲折有致、宽窄不一。虽由人工开凿，但宛若自然天成，不露人工痕迹。水面宜有聚有分，大型静水辽阔平远，有水汽弥漫之感；小的水面则讲究清新小巧，方寸之间见天地。具体的自然式静水理水形式又可分为以下 4 种。

（1）小型自然式水池。小型自然式水池形状简单，周边宜点缀山石、花木，池中若养鱼植莲也很有情趣。应该注意点缀不要过多，过多则拥挤落俗，失去意境。

（2）较大的自然式水池。应以聚为主，分为辅，在水池的一角用桥或缩水束腰，划出一弯小水面，非常活泼自然，主次分明。

（3）狭长的水池。应注意曲线变化和某一段中的大小宽窄变化，处理不好会成为一段河。

（4）山池，即以山石理池。周边置石应注意不要平均，要有断续，有局低，否则也易流俗。水面设计应注意要以水面来衬托山势的峥嵘和深邃，使山水相得益彰。

（二）规则式

规则式水体具有简洁、明快的特点，几何的形状或规则的图案表现了平面形体的美感。最早的人造水池可能是长方形，有时在水的尽头或边缘以凸出的曲线作为装饰，称为"罗马式"水池。规则式水体在西方传统园林中应用较多，这也是因为西方传统园林多为规则式的，法国凡尔赛宫的各种几何形水池和十字形水渠典型地反映出了这一特点。而在中国古典园林中规则式水池较多地见于北方园林和岭南园林，具有整齐均衡之美。规则式水体适于与建筑结合的水庭中，为了与建筑协调，中心以规则式水体形成具有向心、内聚空间特性的庭院空间。

（三）混合式

自然式水体和规则式水体组合在一起就形成了混合式水体。混合式水体要求与环境协调布置，靠近建筑或广场等地方的岸线一般做成规则式；靠近山地等自然地形的地方则采用自然式岸线，以保证周围环境的自然特色。混合式水体体现了统一中追求变化的构图法则。苏州留园水体靠建筑一侧为直线岸线，另一侧因与广种植物的山体相接，采用了自然曲折的岸线，山水相映，极富自然情趣。

四、水面的空间变化

水因其灵活无形，可随地而变，呈多种形态。园林用水，在布局上通过堤、岛等园林要素的分割与围合，形成开合聚散、大小对比的丰富变化，水体往往划分为多个大小不同、形状各异的小水面，以形成不同的景区，使水景呈现迷离、幽深、多变的空间效果，引人无限遐想。水面的大小、形状、聚散的布置因园林地形、气候、环境而异。

（一）聚散的变化

水面的设计，一般宜有聚有散。聚者，指水体聚集在一块儿，形成一个集中的水面，聚则水色潋滟，开阔明朗。聚的水面水色天光，一览无余，表现了水景的明净与单纯；散者，指水体分散成多块，表现为溪、河、涧、湾等小型水面，分则萦回环绕，曲折幽深。散的水面环抱迂回，望而不尽，表现了水景的层次与变化。

对于中、小型庭园，尤其是私家小园，多采用集中用水的方法，以水池为中心，四周布置建筑和景物，形成向心和内聚的布局，从而在有限的空间获得开朗的气氛，如苏州网师园，中心水池采用集中用水方式，周围留有大小适宜的地面，上面布置山石、花木、形成开朗宁静的园林空间。集中用水时也可在水体一角用曲桥分隔水面，形成水湾、水口，或叠石做水洞、水门，造成水流不尽，水源深远的感觉。

对于大型园林，水面则可聚可散，如北京北海、颐和园昆明湖等水面以聚为主，辽阔的水面呈现出壮丽景色。而承德避暑山庄的水面则是以散为主，虽为皇家园林，但追求的却是天然之趣，悠悠烟水、澹澹云山，水陆萦回的空间产生了隐约迷离和不可穷尽的视觉效果，其深邃幽静之感非常强烈。

（二）大小的变化

园林中的水体，常由面积不等的水面组合而成，通过大小水面的对比，产生空间的变化，创造具有不同气氛的景区。设计时一般在平面构图主要位置设置一个大型主体水面。旁边再布置几个面积较小的次要水面，主要水面面积应是最大次要水面面积的两倍以上。如颐和园中通过万寿山将水体分成辽阔坦荡的昆明湖和狭窄幽静的后湖，两者气氛迥异，对比强烈。

（三）创造空间的变化

园林水面空间的变化，主要通过分割与围合的手法来形成。一般通过岛、堤、桥的合理布置，创造出水面空间聚散与大小的变化。

1. 岛

岛在分割水面的同时也常作为水面的视觉焦点，成为水体的观赏中心。水中设岛，位置不宜居中，居中的岛将水体分为左右均等的两块，显得呆板。一般水中之岛多位于水体一侧，且离岸不是太远，这样岛屿看似从岸边分离而出，显得自然合理，而且所分水面一大一小，形成对比。岛的数量可一至多个，中国园林中有"一池三山"的传统做法，即在一湖中布置3个岛，分别象征"蓬莱、方丈、瀛洲"三座东海神山。岛上亦可再做水面，形成湖中有岛、岛中有湖的多层次景观。

2. 堤

堤呈带状形态，它具有分隔水面和深入水面的作用，并具有造景的功能。通过分隔水面，堤创造了分散多变的水面空间，或形成不同的小景区，并起到丰富水体景观层次的作用。堤可以作为深入水面的游览路线，起到引导游览的作用，且本身可以成为一景。杭州西湖的苏堤，通过对西湖水面的分隔，增加了西湖的景观层次。同时，"苏堤春晓"以其自身的优美成为西湖著名的景点之一。堤的平面虽为带状，但亦可有宽窄的变化，以形成收放开合的游览空间，且更易与自然形态的水体平面相协调。

3. 桥

跨水而过的桥，其主要的功能是交通与造景，但同时也起到分割水面的作用。从简单的跨池而过的小桥到穿越开阔水面的曲折长桥，造型与风格多样而丰富。另一个与桥类似的跨水交通设施是汀步，不过其分割功能不如桥那么强烈。汀步对水面是分而不断，显得更为自然。

第六章　园林工程电气及照明施工技术

第一节　园林工程供电与避雷施工技术

一、施工电源安装维护

（一）施工配电线路

施工现场的低压配电线路，绝大多数是三相四线制供电，可提供 380V 和 220V 2 种电压，供不同负荷选用，也便于变压器中性点的工作接地，用电设备的保护接零和重复接地，利于安全用电。

施工现场的低压配电线路，一般采用架空敷设，基本要求有以下 6 点。

（1）电杆应完好无损，不得有倾斜、下沉和杆基积水等现象。

（2）不得架设裸导线。线路与施工建筑物的水平距离不得小于 10m；与地面的垂直距离不得小于 6m；跨越建筑物时与其顶部的垂直距离不得小于 2.5m。

（3）各种绝缘导线均不得成束架空敷设。无条件做架空线路的工程地段，应采用护套电缆线。

（4）配电线路禁止敷设在树上或沿地面明敷设。埋地敷设必须穿管。

（5）建筑施工用的垂直配电线路，应采用护套缆线，每层不少于在两处固定。

（6）暂时停用的线路应及时切断电源，竣工后随即拆除。

（二）配电箱的安装

配电箱是为现场施工临时用电设备，如动力、照明和电焊等设备，而设置的电源设施。凡是用电的场所，无论负荷大小，均应按用电情况安装适宜的配电箱。动力和照明用的配电箱应分别设置。箱内必须装设零线端子板。

施工现场用的配电箱结构简单，盘面以整齐、安全、维修方便和美观为原则。可不装测量仪表。

配电箱的箱体可以是木制的，在现场可就地制作。也有定型的产品可供使用，如专供动力设备用的 X1 系列，供照明和小型动力用的 XM 系列，还有 A 型暗设插座箱和 M 型明设插座箱等。配电箱可以立放在地上，也可挂在墙上、柱上，要具备防雨、防水的功能，室内外均可使用，箱体外要涂防腐油。放置地点既要方便使用，又要较为隐蔽。箱体应有接地线并设有明显的标记。

配电箱盘面上的配线应排列整齐，横平竖直，绑扎成束，并用长钉固定在盘板上。盘后引出或引入的导线应留出适当的余量，以利检修。

（三）照明设备安装

施工现场常用的电光源有白炽灯、荧光灯、卤钨灯、荧光高压汞灯和高压钠灯。不同的电光源配备有不同的灯具，可根据对照明的要求和使用的环境进行选择。

在正常情况下，一般施工的场所应采用敞露式照明灯具，以获得较高的光效率；在潮湿场所可选用防潮的瓷灯头，并从两侧引入线用绝缘套管，也可使用低电压的安全灯；在易遭碰击场所，应使用带罩网的灯具；在沟道内、容器内照明应采用 36V 以下电压的安全灯；道路、庭院、广场的照明宜使用安全、防爆型投光灯。

安装要求有以下 7 点。

（1）施工现场的照明线路，除护套缆线外，应分开设置或穿管敷设；便携式局部照明灯具用的导线，宜使用橡胶套软线，接地线或接零线应在同一护套内。

（2）灯具距地面不应低于 2.5m；投光灯、碘钨灯与易燃物应保持安全距离；流动性碘钨灯采用金属支架安装时应保持稳固并采取接地或接零保护。

（3）每个照明回路的灯和插座数不宜超过 25 个，且应有 15A 以下的熔丝保护。

（4）插座接线应符合下列要求：

1）单相两孔插座，面对插座的右极接相线，左极接零线。

2）单相三孔及三相四孔的保护接地线或保护接零线均应在上孔。

3）交流、直流或不同电压的插座安装在同一场所时，应有明显区别，且插头与插座不能相互插入。

（5）螺口灯头的中心触点应接相线（火线），螺纹接零线。

（6）每套路灯的相线上应装熔断器，线路入灯具处应做防水弯。

（7）接线时应注意使三相电源尽量对称。

（四）电气设备安装

露天使用的电气设备，应采取妥善的防雨措施，使用前须测绝缘，合格后方可使用。每台电动机均应装设控制和保护设备，不得用一个开关同时控制 2 台以上的电气设备。电焊机一次电源线宜采用橡胶套电缆，长度一般不应大于 3m。露天使用的电焊机应有防潮措施，机下用干燥物件垫起，机上设防雨罩。施工现场移动式用电设备及手持式电动工具，必须装设漏电保护装置，而且要定期检查，以保持其动作灵敏可靠。其电源线必须使用三芯（单相）或四芯（三相）橡胶套电缆；接线时，护套应进入设备的接线盒并固定。

二、杆上电气设备安装

（一）材料验收

1. 裸导线的进场验收

（1）裸导线应查验合格证。

（2）外观检查应包装完好，裸导线表面无明显损伤，不松股、扭折和断股（线），测量线径符合制造标准。

2. 电杆和混凝土制品验收

（1）在工程规模较大时，钢筋混凝土电杆和其他混凝土制品常常是分批进场的，所以要按批查验合格证。

（2）外观检查要求钢筋混凝土电杆和其他混凝土制品表面平整，无缺角露筋，每个制品表面有合格印记；钢筋混凝土电杆表面光滑，无纵向、横向裂纹，杆身平直，弯曲不大于杆长的 1/1000。

3. 镀锌制品和外线金具验收

（1）镀锌制品（支架、横担、接地极、防雷用型钢等）和外线金具应按批查验合格证或镀锌厂出具的质量证明书。对进入现场已镀好锌的成品，只要查验合格证书即可；对进货为未镀锌的钢材，经加工后，出场委托进行热浸镀锌后再进现场，这样就既要查验钢材的合格证，又要查验镀锌厂出具的镀锌质量证明书。

（2）电气工程使用的镀锌制品，在许多产品标准中均规定为热浸镀锌工艺制成。热浸镀锌的工艺镀层厚，制品的使用年限长，虽然外观质量比镀锌工艺差一些，但电气工程中使用的镀锌横担、支架、接地极和避雷线等以使用寿命为主要考虑因素，况且室外和埋入地下时较多，故要求使用热浸镀锌的制品。外观检查要求镀锌层覆盖完整、表面无锈斑，金具配件齐全、无砂眼。

（3）当对镀锌质量有异议时，按批抽样送有资质的试验室检测。

（二）安装工序

1. 定位核图

（1）定位。架空线路的架设位置既要考虑到地面道路照明、线路与两侧建筑物和树木之间的安全距离以及接户线接引等因素，又要顾及电杆杆坑和拉线坑下有无地下管线，且要留出必要的各种地下管线检修移位时因挖土防电杆倒伏的位置，只有这样才能满足功能要求，才是安全可靠的。因而在架空线路施工时，线路方向及杆位、拉线坑位的定位是关键工作，如不依据设计图纸位置埋桩确认，后续工作是无法展开的。因此，必须在线路方向和杆位及拉线坑位测量埋桩后，经检查确认后，才能挖掘杆坑和拉线坑。

（2）核图。杆坑、拉线坑的深度和坑型关系到线路抗倒伏能力，所以必须按设计图纸或施工大样图的规定进行验收，经检查确认后，才能立杆和埋设拉线盘。

2. 交接试验

杆上高压电气设备和材料均要按分项工程中的具体规定进行交接试验，合格后才能通电，即高压电气设备和材料不经试验不准通电。至于在安装前还是安装后试验，可视具体情况而定。通常的做法是在地面试验后再安装就位，但必须注意在安装的过程中不应使电气设备和材料受到撞击和破损，尤其要注意防止电瓷部件的损坏。

3. 线路检查

（1）线路绝缘检查。架空线路的绝缘检查主要是目视检查，检查的目的是要查看线路上有无树枝、风筝和其他杂物悬挂在上面，经检查无误后，必须采用单相冲击试验合格后，才能三相同时通电。这一操作要求是为了检查每相对地绝缘是否可靠，在单相合闸的涌流电压作用下是否会击穿绝缘，如首次三相同时合闸通电，万一发生绝缘击穿，事故的危害后果要比单相合闸绝缘击穿大得多。

（2）线路相位检查。架空线路的相位检查确认后，才能与接户线连接。这样才能使接户线在接电时不致接错，不使单相 220V 入户的接线错接成 380V 入户，也可对有相序要求的保证相序正确，同时对三相负荷的均匀分配有好处。

（三）电杆埋设

架空线路的杆型、拉线设置及两者的埋设深度，在施工设计时是依据所在地的气象条件、土壤特性、地形情况等因素综合考虑确定的。埋设深度是否足够，涉及线路的抗风能力和稳固性，太深会浪费材料。一般电杆的埋深基本上（除 15m 杆以外）可为电杆高度的 1/10 加 0.7m；拉线坑的深度不宜小于 1.2m。电杆坑、拉线坑的深度允许偏差，应不深于设计坑深 100mm、不浅于设计坑深 50mm。

（四）横担安装

横担安装技术要求为：

（1）横担的安装应根据架空线路导线的排列方式而定，具体要求有以下两点。

1）钢筋混凝土电杆使用 U 形抱箍安装水平排列导线横担。在杆顶向下量 200mm，安装 U 形抱箍，用 U 形抱箍从电杆背部抱过杆身，抱箍螺扣部分应置于受电侧，在抱箍上安装好 M 形抱铁，在 M 形抱铁上再安装横担，在抱箍两端各加一个垫圈用螺母固定，先不要拧紧螺母，留有调节的余地，待全部横担装上后再逐个拧紧螺母。

2）电杆导线进行三角排列时，杆顶支持绝缘子应使用杆顶支座抱箍。由杆顶向下量取 150mm，使用 Ω 形支座抱箍时，应将角钢置于受电侧，将抱箍用 M 16mm×70mm 方头螺栓穿过抱箍安装孔，用螺母拧紧固定。安装好杆顶抱箍后，再安装横担。横担的位置由导线的排列方式来决定，导线采用正三角排列时，横担距离杆顶抱箍为 0.8m；导线采用扁三角排列时，横担距离杆顶抱箍为 0.5m。

（2）横担安装应平整，安装偏差不应超过下列规定数值。

1）横担端部上下歪斜：20mm。

2）横担端部左右扭斜：20mm。

（3）带叉梁的双杆组立后，杆身和叉梁均不应有鼓肚现象。叉梁铁板、抱箍与主杆的连接应牢固，局部间隙不应大于 50mm。

（4）导线水平排列时，上层横担距杆顶距离不宜小于 200mm。

（5）10kV 线路与 35kV 线路同杆架设时，两条线路导线之间垂直距离不应小于 2m。

（6）高、低压同杆架设的线路，高压线路横担应在上层。架设同一电压等级的不同回路导线时，应把线路弧垂较大的横担放置在下层。

（7）同一电源的高、低压线路宜同杆架设。为了维修和减少停电，直线杆横担数不宜超过 4 层（包括路灯线路）。

（五）电杆组立

立杆的方法很多。立杆前应检查所用工具。立杆过程中要有专人指挥，随时检查立杆工具受力情况，遵守有关规定。下面介绍杆身调整方法和误差要求。

1. 调整方法

一人站在相邻未立杆的杆坑线路方向上的辅助标桩处（或其延长线上），面对线路向已立杆方向观测电杆，或通过垂球观测电杆，指挥调整杆身，或使与已立正直的电杆重合。如为转角杆，观测人站在与线路垂直方向或转角等分角线的垂直线（转角杆）的杆坑中心辅助桩延长线上，通过垂球观测电杆，指挥调整杆身，此时横担轴向应正对观测方向。调整杆位，一般可用杠子拨，或用杠杆与绳索联合吊起杆根，使其移至规定位置。调整杆面，可用转杆器弯钩卡住，推动手柄使杆旋转。

2. 杆身调整误差

（1）直线杆的横向位移不应小于 50mm；电杆的倾斜不应使杆梢的位移大于半个杆梢。

（2）转角杆应向外角预偏，紧线后不应向内角倾斜，向外角的倾斜不应使杆梢位移大于一个杆梢。转角杆的横向位移不应大于 50mm。

（3）终端杆立好后应向拉线侧预偏，紧线后不应向拉线反方向倾斜，向拉线侧倾斜不应使杆梢位移大于一个杆梢。

（4）双杆立好后应正直，位置偏差不应超过下列数值。

1）双杆中心与中心桩之间的横向位移：50mm。

2）迈步：30mm。

3）两杆高低差：20mm。

4）根开：±30mm。

（六）导线架设

导线架设时，线路的相序排列应统一，对设计、施工、安全运行都是有利的。高压线路面向负荷，从左侧起，导线排列相序为 l_1、l_2、l_3 相；低压线路面向负荷，从左侧起，导线排列相序为 l_1、N、l_2、l_3 相。电杆上的中性线（N）应靠近电杆，如线路沿建筑物架设时，应靠近建筑物。

（1）导线架设技术要求。

1）架空线路应沿道路平行敷设，并要避免通过各种起重机频繁活动的地区。应尽可能减少同其他设施的交叉和跨越建筑物。

2）架空线路导线的最小截面有以下几方面。

6～10kV 线路：铝绞线居民区 35mm²；非居民区 25mm²。

钢芯招绞线居民区 25mm²；非居民区 16mm²。

铜绞线居民区 16mm²；非居民区 16mm²。

1kV 以下线路：铝绞线 16mm²；钢芯铝绞线 16mm²；钢绞线 10mm²（绞线直径 3.2mm）。

但 1kV 以下线路与铁路交叉跨越挡处，铝绞线最小截面应为 35mm²。

3）6～10kV 接户线的最小截面为：铝绞线 25mm²；铜绞线 16mm²

4）接户线对的距离，不应小于相应数值：6～10kV 接户线 4.5m；低压绝缘接户线 2.5m。

5）跨越道路的低压接户线至路中心的垂直距离，不应小于相应数值：通车道路 6m；通车困难道路、人行道 3.5m。

6）架空线路与甲类火灾危险的生产厂房，甲类物品库房及易燃、易爆材料堆场，以及可燃或易燃液（气）体储罐的防火间距，不应小于电杆高度的 1.5 倍。

7）在离海岸 5km 以内的沿海地区或工业区，视腐蚀性气体和尘埃产生腐蚀作用的严重程度，选用不同防腐性能的防腐型钢芯铝绞线。

（2）紧线方法。紧线方法有 2 种：①导线逐根均匀收紧；②三线同时收紧或两线同时收紧，这种方法紧线速度快，但需要有较大的牵引力，如利用卷扬机或绞磨机的牵引力等。紧线时，一般应做到每根电杆上有人，以便及时松动导线，使导线接头能顺利地越过滑轮和绝缘子。

一般中小型铝绞线和钢芯铝绞线可用紧线钳紧线，先将导线通过滑轮组，用人力初步拉紧，然后将紧线钳上钢丝绳松开，固定在横担上，另一端夹住导线（导线上包缠麻布）。紧线时，横担两侧的导线应同时收紧，以免横担受力不均而歪斜。

（七）导线连接

架空线路导线连接，必须可靠地将导线连接起来，连接后的握着力与母体导线拉断力比，应符合设计要求的静载和动载的握着力，确保架空配电线路正常运行。

导线连接质量直接影响导线的机械强度和电气性能，所以，必须严格按照工艺标准，精心操作，认真仔细做好接头。

1. 架空导线连接方式

（1）跳线处接头，常规采用线夹连接法。

（2）其他位置接头，通常采用钳接（压接）法、单股线缠绕法和多股线交叉缠绕法，特殊地段和部位利用爆炸压接法。

2. 架空导线连接要求

架空导线连接应符合以下要求：

（1）不同金属、不同规格、不同绞向的导线，严禁在档距内连接。

（2）在一个档距内，每根导线不应超过 1 个接头。跨越线（道路、河流、通信线路、电力线路）和避雷线均不允许有接头。

（3）接头距导线的固定点不应小于 500mm。

（4）导线接头处的机械强度不应低于原导线强度的 90%，电阻不应超过同长度导线的 1.2 倍。

3. 导线压接法的要求

（1）接续管：接续管的型号与导线的规格必须匹配。

（2）导线端头处理应先将导线压接的端头部位用绑线扎紧并将导线端部锯齐。

（3）穿线与压接。

1）先用钢刷清除压接管内以及导线和压条表面的氧化膜，涂一层中性凡士林。

2）将导线穿入管内夹上压条，将两端导线头伸出管外 20～30mm，导线端头的绑线不应拆除。

3）压接后的接续管弯曲度不应大于管长的 2%。压接或校正调直后的接续管不得有裂纹。

4）压接后接续管两端附近的导线不应有灯笼、抽筋等现象。

5) 压接后接续管两端的出口处、合缝处及外露部分均应涂刷油性涂料。

6) 压接后尺寸的允许误差为：铜钳接管 ±0.5mm，铝钳接管 ±1.0mm。

4. 导线打绕接点方法

1) 铝绞线、钢芯铝绞线的打绕接点，可采用并沟线夹连接。连接处须包缠铝包带。

2) 并沟线夹的标号与导线标号必须相同，线夹内的导线表面应清除氧化膜，并涂一层中性凡士林。

3) 拧紧线夹时应用锤子敲打几遍再拧紧螺栓，直至拧不动为止。

4) 线夹内导线不得有破股或叠股现象。

5) 线夹两端应留出线头 30mm 左右。

6) 当两根导线截面不同时，应按大截面导线选用线夹，在小截面导线上用铝包带缠到与大截面导线相同的粗度。

5. 导线连接具体做法

(1) 压接管。根据导线截面选择压接管，调整压接钳上支点螺钉，使之适合压接深度。

(2) 压接顺序。压接钢芯铝绞线时，压接的顺序是从中间开始分别向两端进行。压接铝绞线时，压接顺序从导线接头端开始，按顺序交错向另一端进行。当压接 240mm² 钢芯铝绞线时，可用两根压接管串联进行，两压接相距不小于 15mm。每根压接管压接顺序都是从内端向外端交错进行的。钳压后导线端头露出长度不应小于 20mm。压接后的接线管弯曲度不应大于管长的 2%。压接后或校正后的接线管不应有裂纹。

(3) 单股线的缠绕。适用于单股直径 2.6 ～ 5.0mm 的裸铜线。缠绕前先把两线头拉直，除去表面铜锈。

(4) 多股线交叉缠绕法。适用于 35mm² 以下的裸铝或铜导线。缠绕前先按规定量好接头长度，把接头处导线拆开拉直并用砂纸打光洁，做成伞骨架形状，然后将两根多股导线相互交叉插到一起，束合成一块，中间段用绑线缠紧，再用本身股线一一缠绕，每股剩余下来的线头和下一股交叉后作为被裹的线压在下面，最后一股缠完后拧成小辫。缠绕时应缠紧并排列整齐。

(5) 爆炸压接法。是利用炸药爆炸时产生的高温高压气体，使接线管（压接管）产生塑性变形，把导线牢固地连接起来。炸药的配制用量要按计算确定值严格控制，不能使导线发生损伤（如断股、折裂等）。

6. 导线连接质量规定

(1) 压接后尺寸的允许误差，铝绞线钳接管为 ±1.0mm；钢芯铝绞线钳接管为 ±0.5mm。

(2) 10kV 以下架空线路的导线，采用缠绕方法连接时，连接部分的线缠绕紧密、牢固，不应有断股、松股等，以及连接处严禁有损伤导线的缺陷。

（3）压接后接线管两端出口处、合缝处及外露部分，应涂刷电力复合脂。导线的压接管在压接或校直后严禁有裂纹。

（4）钳压后导线露出的端头绑扎线不应拆除。

（八）电气安装

电杆上电气设备安装应牢固可靠；电气连接应接触紧密；不同金属连接应有过渡措施；瓷件表面光洁，无裂缝、破损等现象。

杆上变压器及变压器台的安装，其水平倾斜不大于台架根开的1/100；二次引线排列整齐、绑扎牢固；油枕、油位正常，外壳干净。

接地可靠，接地电阻值符合规定；套管压线螺栓等部件齐全；呼吸孔道畅通。

跌落式熔断器的安装，要求各部分零件完整；转轴光滑灵活，铸件不应有裂纹、砂眼锈蚀现象。瓷件良好，熔丝管不应有吸潮膨胀或弯曲现象。熔断器安装牢固、排列整齐，熔管轴线与地面的垂线夹角为 $15 \sim 30°$。熔断器水平相间距离不小于 500mm，操作时灵活可靠，接触紧密。合熔丝管时上触头应有一定的压缩行程；上、下引线压紧；与线路导线的连接紧密可靠。杆上断路器和负荷开关的安装，其水平倾斜不大于担架长度的1/100。

引线连接紧密，当采用绑扎连接时，长度不小于 150mm。外壳干净，不应有漏油现象，气压不低于规定值；操作灵活，分、合位置指示正确可靠；外壳接地可靠，接地电阻值符合规定。杆上隔离开关的瓷件良好，操作机构动作灵活，隔离刀刃合闸时接触紧密，分闸后应有不小于 200mm 的空气间隙；与引线的连接紧密可靠。

水平安装的隔离刀刃，分闸时，宜使静触头带电。三相运动隔离开关的三相隔离刀刃应分、合同期。

杆上避雷器的瓷套与固定抱箍之间加垫层；安装排列整齐、高低一致；相间距离为：$1 \sim 10kV$ 时，不小于 350mm；1kV 以下时，不小于 150mm。避雷器的引线短而直，连接紧密，采用绝缘线时，其截面要求有以下 2 点。

（1）引上线：铜线不小于 $16mm^2$，铝线不小于 $25mm^2$。

（2）引下线：铜线不小于 $25mm^2$，铝线不小于 $35mm^2$，引下线接地可靠，接地电阻值符合规定。与电气部分连接，不应使避雷器产生外加应力。

低压熔断器和开关安装要求各部分接触应紧密，便于操作。低压保险丝（片）安装要求无弯折、压偏、伤痕等现象。

变压器中性点应与接地装置引出干线直接连接。

由接地装置引出的干线，以最近距离直接与变压器中性点（N 端子）可靠连接，以确保低压供电系统可靠、安全地运行。

（九）其他规定

杆上低压配电箱的电气装置和馈电线路交接试验应符合下列规定：

（1）每路配电开关及保护装置的规格、型号应符合设计要求。

（2）相间和相对地间的绝缘电阻值应大于 0.5M Ω。

（3）电气装置的交流工频耐压试验电压为 1kV，当绝缘电阻值大于 10M Ω 时，可采用 2500V 兆欧表遥测替代，试验持续时间 1m in，无击穿闪络现象。

三、变压器的安装流程

（一）变压器的验收

变压器应查验合格证和随带技术文件，还应有出厂试验记录。

外观检查应有铭牌，附件齐全，绝缘件无缺损、裂纹，从而判断到达施工现场前有无因运输、保管不当而遭到损坏。尤其是电瓷、充油、充气的部位更要认真检查，充油部分应不渗漏，充气高压设备气压指示应正常，涂层完整。

（二）变压器的安装

1. 变压器安装工序

变压器的基础验收是土建工作和安装工作的中间工序交接，只有基础验收合格，才能开展安装工作。验收时应该依据施工设计图纸核对位置及外形尺寸，并判断混凝土强度、基坑回填、集油坑卵石铺设等是否具备可以进行安装的条件。在验收时，对埋入基础的电线、电缆导管和变压器进出线预留孔及相关预埋件进行检查，经核对无误后，才能安装变压器、箱式变电所。杆上变压器的支架紧固检查后，才能吊装变压器且就位固定。变压器及接地装置交接试验合格，才能通电。除杆上变压器可以视具体情况在安装前或安装后做交接试验外，其他的均应在安装就位后做交接试验。

2. 变压器附件安装

变压器安装位置应正确，变压器基础的轨道应水平，轮距与轨距应配合；装有气体继电器的变压器、电抗器，应使其顶盖沿气体继电器气流方向有 1% ～ 1.5% 的升高坡度（制造厂规定不须安装坡度者除外）。当要与封闭母线连接时，其套管中心线应与封闭母线安装中心线相符。

（1）冷却装置安装。

1）冷却装置在安装前应按制造厂规定的压力值用气压或油压进行密封试验，并应符合下列要求。

第一，散热器可用 0.05MPa 表压力的压缩空气检查，应无漏气；或用 0.07MPa 表压力的变压器油进行检查，持续 30min，应无渗漏现象。

第二，强迫油循环风冷却器可用 0.25MPa 表压力的气压或油压，持续 30min 进行检查，应无渗漏现象。

第三，强迫油循环水冷却器用 0.25MPa 表压力的气压或油压进行检查，持续 1h 应无渗漏；水、油系统应分别检查渗漏。

2）冷却装置安装前应用合格的绝缘油经净油机循环冲洗干净并将残油排尽。

3）冷却装置安装完毕后应立即注满油，以免由于阀门渗漏造成本体油位降低，使绝缘部分露出油面。

4）风扇电动机及叶片应安装牢固，并应转动灵活，无卡阻现象；试转时应无震动、过热；叶片应无扭曲变形或与风筒擦碰等情况，转向应正确；电动机的电源配线应采用具有耐油性能的绝缘导线；靠近箱壁的绝缘导线应用金属软管保护；导线排列应整齐；接线盒密封良好。

5）管路中的阀门操作应灵活，开闭位置应正确；阀门及法兰连接处应密封良好。

6）外接油管在安装前，应彻底除锈并清洗干净；管道安装后，油管应涂黄漆，水管涂黑漆，并应有流向标志。

7）潜油泵转向应正确，转动时应无异常噪声、震动和过热现象；其密封应良好，无渗油或进气现象。

8）差压继电器、流速继电器应经校验合格，且密封良好，动作可靠。

9）水冷却装置停用时，应将存水放尽以防天寒冻裂。

（2）储油柜（油枕）安装。

1）储油柜安装前应清洗干净，除去污物，并用合格的变压器油冲洗。隔膜式（或胶囊式）储油柜中的胶囊或隔膜式储油柜中的隔膜应完整无破损，并应和储油柜的长轴保持平行、不扭偏。胶囊在缓慢充气胀开后应无漏气现象。胶囊口的密封应良好，呼吸应畅通。

2）储油柜安装前应先安装油位表；安装油位表时应注意保证放气和导油孔的畅通；玻璃管要完好。油位表动作应灵活，油位表或油标管的指示必须与储油柜的真实油位相符，不得出现假油位。油位表的信号接点位置正确，绝缘良好。

3）储油柜利用支架安装在油箱顶盖上。油枕和支架、支架和油箱均用螺栓紧固。

（3）套管安装。

1）套管在安装前要按相应要求进行检查：①瓷套管表面应无裂缝、伤痕；②套管、法兰颈部及均压球内壁应清擦干净；③套管应经试验合格；④充油套管的油位指示正常，无渗油现象。

2) 当充油管介质损失角正切值超过标准且确认其内部绝缘受潮时，应予干燥处理。

3) 高压套管穿缆的应力锥进入套管的均压罩内，其引出端头与套管顶部接线柱连接处应擦拭干净，接触紧密；高压套管与引出线接口的密封波纹盘结构（魏德迈结构）的安装应严格按制造厂的规定进行。

4) 套管顶部结构的密封垫应安装正确，密封良好；连接引线时，不应使顶部结构松扣。

（4）升高座安装。

1) 升高座安装前，应先完成电流互感器的试验；电流互感器出线端子板应绝缘良好，其接线螺栓和固定件的垫块应紧固，端子板应密封良好，无渗油现象。

2) 安装升高座时，应使电流互感器铭牌位置面向油箱外侧，放气塞位置应在升高座最高处。

3) 电流互感器和升高座的中心应一致。

4) 绝缘筒应安装牢固，其安装位置不应使变压器引出线与之相碰。

（5）气体继电器（又称瓦斯继电器）安装。

1) 气体继电器应做密封试验、轻瓦斯动作容积试验和重瓦斯动作流速试验，各项指标合格并有合格检验证书后方可使用。

2) 气体继电器应水平安装，观察窗应装在便于检查一侧，箭头方向应指向储油箱（油枕），其与连通管连接应密封良好，内壁应擦拭干净，节油阀应位于储油箱和气体继电器之间。

3) 打开放气嘴，放出空气，直到有油溢出时，将放气嘴关上，以免有空气进入使继电保护器误动作。

4) 当操作电源为直流时，必须将电源正极接到水银侧的接点上，接线应正确，接触良好，以免断开时产生飞弧。

（6）干燥器（吸湿器、防潮呼吸器、空气过滤器）安装。

1) 检查硅胶是否失效(对浅蓝色硅胶，变为浅红色即已失效；对白色硅胶一律烘烤)。如已失效，应在 $115 \sim 120 ℃$ 温度下烘烤 8h，使其复原或换新。

2) 安装时，必须将干燥器盖子处的橡皮垫取掉使其畅通，并在盖子中装适量的变压器油，起滤尘作用。

3) 干燥器与储气柜间管路的连接应密封良好，管道应通畅。

4) 干燥器油封油位应在油面线上，但隔膜式储油柜变压器应按产品要求处理（或不到油封，或少放油，以便胶囊易于伸缩呼吸）。

（7）净油器安装。

1）安装前先用合格的变压器油冲洗净油器，然后同安装散热器一样，将净油器与安装孔的法兰连接起来。其滤网安装方向应正确并在出口侧。

2）将净油器容器内装满干燥的硅胶粒后充油。油流方向应正确。

（8）温度计安装。

1）套管温度计安装，应直接安装在变压器上盖的预留孔内，并在孔内适当加些变压器油，刻度方向应便于观察。

2）电接点温度计安装前应进行计量检定，合格后方能使用。油浸变压器一次元件应安装在变压器顶盖上的温度计套筒内，并加适当变压器油；二次仪表挂在变压器一侧的预留板上。干式变压器一次元件应按厂家说明书位置安装，二次仪表装在便于观测的变压器护网栏上。软管不得有压扁或死弯，余下部分应盘圈并固定在温度计附近。

3）干式变压器的电阻温度计，一次元件应预埋在变压器内，二次仪表应安装在值班室或操作台上，温度补偿导线应符合仪表要求，并加以适当的附加温度补偿电阻校验调试后方可使用。

（9）压力释放装置安装。

1）密封式结构的变压器、电抗器，其压力释放装置的安装方向应正确，使喷油口不要朝向邻近的设备，阀盖和升高座内部应清洁，密封良好。

2）电接点应动作准确，绝缘应良好。

（10）电压切换装置安装。

1）变压器电压切换装置各分接点与线圈的连线压接正确，牢固可靠，其接触面接触紧密良好，切换电压时，转动触点停留位置正确并与指示位置一致。

2）电压切换装置的拉杆、分接头的凸轮、小轴销子等应完整无损，转动盘应动作灵活，密封良好。

3）电压切换装置的传动机构（包括有载调压装置）的固定应牢靠，传动机构的摩擦部分应有足够的润滑油。

4）有载调压切换装置的调换开关触头及铜瓣子软线应完整无损，触头间应有足够的压力（一般为 $8 \sim 10 \mathrm{kg}$）。

5）有载调压切换装置转动到极限位置时，应装有机械联锁与带有限开关的电气联锁。

6）有载调压切换装置的控制箱，一般应安装在值班室或操作台上，连线应正确无误并应调整好，手动、自动工作正常，挡位指示准确。

（11）整体密封检查。

1）变压器、电抗器安装完毕后，应在储油柜上用气压或油压进行整体密封试验，所加压力为油箱盖上能承受 0.03MPa 的压力，试验持续时间为 24h，应无渗漏。油箱内变压器油的温度不应低于 10℃。

2）整体运输的变压器、电抗器可不进行整体密封试验。

3. 变压器安装验收

变压器就位前，要先对基础进行验收并填写设备基础验收记录。基础的中心与标高应符合工程设计需要，轨距应与变压器轮距互相吻合。具体要求是：

（1）轨道水平误差不应超过 5mm。

（2）实际轨距不应小于设计轨距，误差不应超过 +5mm。

（3）轨面对设计标高的误差不应超过 ±5mm。

（三）变压器的检查

1. 开箱检查

开箱后，应重点检查下列内容，并填写设备开箱检查记录。

（1）设备出厂合格证明及产品技术文件应齐全。

（2）设备应有铭牌，型号规格应和设计相符，附件、备件核对装箱单应齐全。

（3）变压器、电抗器外表无机械损伤、无锈蚀。

（4）油箱密封应良好，带油运输的变压器，油枕油位应正常，油液应无渗漏。

（5）变压器轮距应与设计相符。

（6）油箱盖或钟罩法兰连接螺栓齐全。

（7）充氮运输的变压器及电抗器，器身内应保持正压，压力值不低于 0.01MPa。

2. 器身检查

变压器、电抗器到达现场后，应进行器身检查。器身检查可分为吊罩（或吊器身）或不吊罩直接进入油箱内进行。

（1）免除器身检查的条件。当满足下列条件之一时，可不必进行器身检查：

1）制造厂规定可不做器身检查者。

2）容量为 1000kVA 以下、运输过程中无异常情况者。

3）就地生产仅短途运输的变压器、电抗器，如果事先参加了制造厂的器身总装，质量符合要求，且在运输过程中进行了有效的监督，无紧急制动、剧烈震动、冲撞或严重颠簸等异常情况者。

（2）器身检查要求。

1）周围空气温度不宜低于 0℃，变压器器身温度不宜低于周围空气温度。当器身温度低于周围空气温度时，应加热器身，宜使其温度高于周围空气温度 10℃。

2）当空气相对湿度小于 75% 时，器身暴露在空气中的时间不得超过 16h。

3）调压切换装置吊出检查、调整时，暴露在空气中的时间应符合规定。

4）时间计算规定：带油运输的变压器、电抗器，由开始放油时算起；不带油运输的变压器、电抗器，由揭开顶盖或打开任一堵塞算起，到开始抽真空或注油为止。空气相对湿度或露空时间超过规定时，必须采取相应的可靠措施。

5）器身检查时，场地四周应清洁和有防尘措施；雨雪天或雾天，不应在室外进行。

（3）器身检查的主要项目。

1）运输支撑和器身各部位应无移动现象，运输用的临时防护装置及临时支撑应予拆除，并经过清点做好记录以备查。

2）所有螺栓应紧固并有防松措施；绝缘螺栓应无损坏，防松绑扎完好。

3）铁芯应无变形，铁轮与夹件间的绝缘垫应良好；铁芯应无多点接地；铁芯外引接地的变压器，拆开接地线后铁芯对地绝缘应良好；打开夹件与铁轮接地片后，铁轮螺杆与铁芯、铁轮与夹件、螺杆与夹件间的绝缘应良好；当铁轮采用钢带绑扎时，钢带对铁轮的绝缘应良好；打开铁芯屏蔽接地引线，检查屏蔽绝缘应良好；打开夹件与线圈压板的连线，检查压钉绝缘应良好；铁芯拉板及铁轮拉带应紧固，绝缘良好（无法打开检查铁芯的可不检查）。

4）绕组绝缘层应完整，无缺损、变位现象；各绕组应排列整齐，间隙均匀，油路无堵塞；绕组的压钉应紧固，防松螺母应锁紧。

5）绝缘围屏绑扎牢固，围屏上所有线圈引出处的封闭应良好。

6）引出线绝缘包扎紧固，无破损、折弯现象；引出线绝缘距离应合格，固定牢靠，其固定支架应紧固；引出线的裸露部分应无毛刺或尖角，且应焊接良好；引出线与套管的连接应牢靠，接线正确。

7）无励磁调压切换装置各分接点与线圈的连接应紧固正确；各分接头应清洁，且接触紧密，引力良好；所有接触到的部分，用规格为 0.05mm×10mm 塞尺检查，应塞不进去；转动接点应正确地停留在各个位置上，且与指示器所指位置一致；切换装置的拉杆、分接头凸轮、小轴、销子等应完整无损；转动盘应动作灵活，密封良好。

8）有载调压切换装置的选择开关、范围开关应接触良好，分接引线应连接正确、牢固，切换开关部分密封良好。必要时抽出切换开关芯子进行检查。

9）绝缘屏障应完好且固定牢固，无松动现象。

10）检查强油循环管路与下轭绝缘接口部位的密封情况；检查各部位应无油泥、水滴和金属屑末等杂物。

3. 变压器送电前的检查

变压器试运行前应做全面检查，确认符合试运行条件时方可投入运行。变压器试运行前，必须由质量监督部门检查合格。

变压器试运行前的检查内容有以下 9 点。

1）各种交接试验单据齐全，数据符合要求。

2）变压器应清理、擦拭干净，顶盖上无遗留杂物，本体及附件无缺损且不渗油。

3）变压器一、二次引线相位正确，绝缘良好。

4）接地线良好。

5）通风设施安装完毕，工作正常；事故排油设施完好；消防设施齐备。

6）油浸变压器油系统油门应打开，油门指示正确，油位正常。

7）油浸变压器的电压切换装置及干式变压器的分接头位置放置正常电压挡位。

8）保护装置整定值符合设计规定要求；操作及联动试验正常。

9）干式变压器护栏安装完毕。各种标志牌挂好，门装锁。

（四）变压器的判别

1. 变压器是否干燥判定

（1）带油运输的变压器及电抗器。

1）绝缘油电气强度及微量水试验合格。

2）绝缘电阻及吸收比（或极化指数）符合现行国家标准《电气装置安装工程电气设备交接试验标准》的相应规定。

3）介质损耗角正切值符合规定（电压等级在 35 kV 以下及容量在 4000 kV A 以下者，可不要求）。

（2）充气运输的变压器及电抗器。

1）器身内压力在出厂至安装前均保持正压。

2）残油中微量水不应大于 30 ppm。

3）变压器及电抗器注入合格绝缘油后，绝缘油电气强度微量水及绝缘电阻应符合现行国家标准《电气设备交接试验标准》（G B 50150-2006）的相关规定。

（3）当器身未能保持正压而密封无明显破坏时，则应根据安装及试验记录全面分析，综合判断是否需要干燥。

2. 干燥时各部温度监控

（1）当为不带油干燥利用油箱加热时，箱壁温度不宜超过 110℃，箱底温度不得超过 100℃，绕组温度不得超过 95℃。

（2）带油干燥时，上层油温不得超过 85℃。

（3）热风干燥时，进风温度不得超过 100℃。

（4）干式变压器进行干燥时，其绕组温度应根据其绝缘等级而定：A 级绝缘 80℃；B 级绝缘 100℃；E 级绝缘 95℃；F 级绝缘 120℃；H 级绝缘 145℃。

（5）干燥过程中，在保持温度不变的情况下，绕组的绝缘电阻下降后再回升，110kV 以下的变压器、电抗器持续 6h 保持稳定且无凝结水产生时，可认为干燥完毕。

（6）绝缘表面应无过热等异常情况。如不能及时检查时，应先注以合格油，油温可预热至 50 ~ 60℃，绕组温度应高于油温。

（五）变压器的搬运

变压器、电抗器搬运就位操作以起重工为主，电工配合。搬运最好采用吊车和汽车，如机具缺乏或距离很短而道路又有条件时，也可以用倒链吊装、卷扬机拖运、滚杠运输等。

变压器在吊装时，索具必须检查合格。钢丝绳必须系在油箱的吊钩上，变压器顶盖上盘的吊环只可做吊芯用，不得用此吊环吊装整台变压器。

变压器就位时，应注意其方法和施工图相符，变压器距墙尺寸按施工图规定，允许偏差 ±25mm。图纸无标注时，纵向按轨道定位，横向距墙不小于 800mm，距门不小于 1000mm。同时适当照顾到屋顶吊环的铅垂线位于变压器中心以便于吊芯。

（六）变压器的接地方式

变压器的接地既有高压部分的保护接地，又有低压部分的工作接地；而低压供电系统在建筑电气工程中普遍采用 TN-S 或 TN-C-S 系统，即不同形式的保护接零系统，且两者共用同一个接地装置，在变配电室要求接地装置从地下引出的接地干线，以最近的路径直接引至变压器壳体和变压器的中性母线 N（变压器的中性点）及低压供电系统的 PE 干线或 PEN 干线，中间尽量减少螺栓搭接处，决不允许经其他电气装置接地后，串联连接过来，以确保运行中人身和电气设备的安全。油浸变压器箱体、干式变压器的铁芯和金属件以及有保护外壳的干式变压器金属箱体，均是电气装置中重要的经常与人接触的非带电可接近裸露导体，为了人员和设备的安全，其保护接地要十分可靠。

接地装置引出的接地干线与变压器的低压侧中性点直接连接；变压器箱体、干式变压器的支架或外壳应接 PE 线。所有连接应可靠，紧固件及防松零件齐全。

（七）变压器的交接试验

变压器安装好后，必须经交接试验合格并出具报告后，才具备通电条件。交接试验的内容和要求，即合格的判定条件。

电力变压器检查试验。

（1）600kVA以下油浸式电力变压器试验项目：

1）测量绕组连同套管的直流电阻。

2）检查所有分接头的变压比。

3）检查变压器的三相接线组别和单相变压器引出线的极性。

4）测量绕组连同套管的绝缘电阻、吸收比或极化指数。

5）绕组连同套管的交流耐压试验。

6）测量与铁芯绝缘的各紧固件及铁芯接地线引出套管对外壳的绝缘电阻。

7）非纯瓷套管的试验。

8）绝缘油试验。

9）有载调压切换装置的检查和试验。

10）检查相位。

（2）干式变压器的试验项目：

1）测量绕组连同套管的直流电阻。

2）检查所有分接头的变压比。

3）检查变压器的三相接线组别和单相变压器引出线的极性。

4）测量绕组连同套管的绝缘电阻、吸收比或极化指数。

5）绕组连同套管的交流耐压试验。

6）有载调压切换装置的检查和试验。

7）额定电压下的冲击合闸试验。

8）检查相位。

（八）变压器送电试运行

变压器第1次投入时，可全压冲击合闸，冲击合闸时一般可由高压侧投入。变压器第1次受电后，持续时间应不少于10min，无异常情况。变压器应进行3～5次全压冲击合闸并无异常情况，励磁涌流不应引起保护装置误动作油浸变压器带电后，检查油系统不应有渗油现象。变压器试运行要注意冲击电流，空载电流，一、二次电压和温度，并做好详细记录。变压器并列运行前，应核对好相位。变压器空载运行24h，无异常情况，方可投入负荷运行。

四、配电箱（盘）的安装

（一）柜类设备验收

应查验动力照明配电箱（盘）等设备的合格证和随带技术文件，实行生产许可证和安全认证制度的产品，有许可证编号和安全认证标志。为了在设备进行交接试验时做对比，成套柜要有出厂试验记录。

配电箱、盘在运输过程中，因受振动使螺栓松动或导线连接脱落脱焊是经常发生的，所以进场验收时要注意检查，以利于采取措施使其正确复位。在外观检查时应验有无铭牌，柜内元器件应无损坏丢失、接线无脱落脱焊，蓄电池柜内壳体无碎裂、漏液，充油、充气设备无泄漏，涂层完整，无明显碰撞凹陷。

（二）安装材料验收

型钢表面无严重锈斑，无过度扭曲、弯折变形，焊条无锈蚀，有合格证和材质证明书。镀锌制品螺栓、垫圈、支架、横担表面无锈斑，有合格证和质量证明书。其他材料，如铅丝、酚醛板、油漆、绝缘胶垫等均应符合质量要求。

配电箱体应有一定的机械强度，周边平整无损伤。铁制箱体二层底板厚度不小于1.5mm，阻燃型塑料箱体二层底板厚度不小于8mm，木制板盘的厚度不应小于20mm，并应刷漆做好防腐处理。

导线电缆的规格型号必须符合设计要求，有产品合格证。

（三）施工作业流程

1. 土建工作条件

土建工作应具备下列条件：

（1）屋顶、楼板施工完毕，不得有渗漏。

（2）结束室内地面工作。

（3）预埋件及预留孔符合设计要求，预埋件应牢固。

（4）门窗安装完毕。

（5）凡进行装饰工作时有可能损坏已安装设备或设备安装后，不能再进行施工的装饰工作全部结束。

必须具有全套正式施工图纸（包括施工说明和有关施工规程、规范、标准、标准图册等）。凡所使用的设备和器材，均应符合国家或部颁的现行技术标准，并有合格证件；设备应有铭牌。

2. 验收检查

设备到达现场后应做下列验收检查，并填写设备开箱检查记录。

（1）制造厂的技术文件应齐全。

（2）型号、规格应符合设计要求，附件备件齐全，元件无损坏情况。

与盘、柜安装有关的建筑物、构筑物的土建工程质量应符合国家现行的建筑工程施工及验收规范中的规定。

（四）设备开箱检查

设备开箱检查应符合以下要求：

（1）设备开箱检查由安装施工单位执行，供货单位、建设单位、监理单位参加，并做好检查记录。

（2）按设计图纸、设备清单核对设备件数。按设备装箱单核对设备本体及附件，备件的规格、型号。核对产品合格证及使用说明书等技术资料。

（3）柜内电器装置及元件齐全，安装牢固，无损伤、无缺失。

（4）柜（屏、台、盘）体外观检查应无损伤及变形，油漆完整，色泽一致。

（5）开箱检查应配合施工进度计划，结合现场条件，吊装手段和设备到货时间的长短可灵活安排。设备开箱后应尽快就位，缩短现场存放时间和开箱后保管时间。可先进行外观检查，柜内检查等待就位后进行。

（五）设备搬运要求

设备的搬运应符合以下要求。

（1）柜（屏、台）搬运，吊装由起重工作业，电工配合。

（2）设备吊点、柜顶设吊点者，吊索应利用柜顶吊点；未设有吊点者，吊索应挂在四角承力结构处。吊装时宜保留并利用包装箱底盘，避免索具直接接触柜体。

（3）柜（屏、台）室内搬运、位移应采用手动插车，卷扬机、滚杠和简易马凳式吊装架配倒链吊装，不应采用人力撬动方式。

（六）弹线定位位置

在照明配电箱（盘）安装的施工过程中，配电箱（盘）的设置位置是十分重要的，位置不正确不但会给安装和维修带来不便，安装配电箱还会影响建筑物的结构强度。

根据设计要求找出配电箱（盘）位置，按照箱（盘）外形尺寸进行弹线定位。配电箱安装底口距地一般为1.5m，明装电度表板底口距地不小于1.8m。在同一建筑物内，同类箱盘高度应一致，允许偏差10mm。为了保证使用安全，配电箱与采暖管距离不应小于300mm；与给排水管道距离不应小于200mm；与煤气管、表距离不应小于300mm。

（七）配电安装规定

照明配电箱（盘）安装还应符合下列规定。

（1）箱（盘）不得采用可燃材料制作。

（2）箱体开孔与导管管径适配，边缘整齐，开孔位置正确，电源管应在左边，负荷管在右边。照明配电箱底边距地面为 1.5m，照明配电板底边距地面不小于 1.8m。

（3）箱（盘）内部件齐全，配线整齐，接线正确，无铰接现象。回路编号齐全，标识正确。导线连接紧密，不伤芯线，不断股。垫圈下螺丝两侧压的导线的截面积相同，同一端子上导线连接不多于 2 根，防松垫圈等零件齐全。

箱（盘）内接线整齐，回路编号、标识正确是为了方便使用和维修，防止误操作而发生触电事故。

（4）配电箱（盘）上电器、仪表应牢固、平正、整洁，间距均匀。铜端子无松动，启闭灵活，零部件齐全。其排列间距应符合要求。

（5）箱（盘）内开关动作灵活可靠，带有漏电保护的回路，漏电保护装置的设置和选型由设计确定，保护装置动作电流不大于 30mA，动作时间不大于 0.1s。

（6）照明箱（盘）内，分别设置中性线（N）和保护线（PE）汇流排，N 线和 PE 线经汇流排配出。

因照明配电箱额定容量有大小，小容量的出线回路少，仅 2～3 个回路，可以用数个接线柱（如绝缘的多孔瓷或胶木接头）分别组合成 PE 线和 N 接线排，但决不允许两者混合连接。

（7）箱（盘）安装牢固，安装配电箱箱盖紧贴墙面，箱（盘）涂层完整，配电箱（盘）垂直度允许偏差为 1.5‰。

（八）配电箱的固定

1. 明装配电箱的固定

在混凝土墙上固定时，有暗配管及暗分线盒和明配管 2 种方式。如有分线盒，先将分线盒内杂物清理干净，然后将导线理顺，分清支路和相序，按支路绑扎成束。待箱（盘）找准位置后，将导线端头引至箱内或盘上，逐个剥削导线端头，再逐个压接在器具上。同时将保护地线压在明显的地方，并将箱（盘）调整平直后用钢架或金属膨胀螺栓固定。在电具、仪表较多的盘面板安装完毕后，应先用仪表核对有无差错，调整无误后试送电，并将卡片柜内的卡片填写好部位，编上号。如在木结构或轻钢龙骨护板墙上固定配电箱（盘）时，应采用加固措施。配管在护板墙内暗敷设并有暗接线盒时，要求盒口应与墙面平齐，在木制护板墙处应做防火处理，可涂防火漆进行防护。

2. 暗装配电箱的固定

在预留孔洞中将箱体找好标高及水平尺寸。稳住箱体后用水泥砂浆填实周边并抹平齐，待水泥砂浆凝固后再安装盘面和贴脸。如箱底与外墙平齐时，应在外墙固定金属网后再做墙面抹灰，不得在箱底板上直接抹灰。安装盘面要求平整，周边间隙均匀对称，贴脸（门）平正、不歪斜，螺栓垂直受力均匀。

（九）配电箱盘检查与调试

柜内工具、杂物等清理出柜，将柜体内外清扫干净。

电器元件各紧固螺栓牢固，刀开关、空气开关等操作机构应灵活，不应出现卡滞或操作力用力过大现象。应检查的有：

（1）开关电器的通断是否可靠，接触面接触良好，辅助接点通断准确可靠。

（2）指示仪表与互感器的变比及极性应连接正确可靠。

（3）母线连接应良好，其绝缘支撑件、安装件及附件应安装牢固可靠。

（4）熔断器的熔芯规格选用是否正确，继电器的整定值是否符合设计要求，动作是否准确可靠。

绝缘电阻遥测，测量母线线间和对地电阻，测量二次接线间和对地电阻，应符合现行国家施工验收规范的规定。在测量二次回路电阻时，不应损坏其他半导体元件，遥测绝缘电阻时应将其断开并进行记录。

五、电缆敷设的一般流程

（一）电缆进场验收

查验合格证，合格证有生产许可证编号，按相关标准生产的产品有安全认证标志。

外观检查包装完好，电缆无压扁、扭曲，铠装不松卷。耐热阻燃的电缆外护层有明显标识和制造厂标。

按制造标准现场抽样检测绝缘层厚度和圆形线芯的直径；线芯直径误差不大于标称直径的 1%。

仅从电缆的几何尺寸不足以说明其导电性能、绝缘性能一定能满足要求。电缆的绝缘性能和阻燃性能，除与几何尺寸有关外，更重要的是与构成的化学成分有关，这在进场验收时是无法判断的。对电缆绝缘性能、导电性能和阻燃性能有异议时，按批抽样送有资质的试验室进行检测。

电缆的其他附属材料如电缆盖板、电缆标示桩、电缆标示牌、油漆、酒精、汽油、硬酸酯、白布带、电缆头附件等均应符合要求。

（二）电缆工序交接

电缆在沟内、竖井内支架上敷设，需要等待电缆沟、电气竖井内的施工临时设施、模板及建筑废料等清除完毕并测量定位后，才能安装电缆支架。

电缆沟、电气竖井内支架及电缆导管安装结束后，进行电缆支架及导管与 PE 线或 PEN 线连接完成。经过检查确认，才能敷设电缆。

无论高压、低压建筑电气工程，施工的最后阶段，一般都做交接试验。电缆在沟内、电气竖井内敷设前，应经绝缘测试合格后才能进行敷设。

（三）电缆线路施工

与电缆线路安装有关的建筑物、构筑物的土建工程质量，应符合国家现行的建筑工程施工及验收规范中的有关规定。

电缆线路安装前，土建工作应具备下列条件：

（1）预埋件符合设计要求并埋置牢固。

（2）电缆沟、隧道、竖井及入井孔等处的地坪及抹面工作结束。

（3）电缆层、电缆沟、隧道等处的施工临时设施、模板及建筑废料等清理干净，施工用道路畅通，盖板齐备。

（4）电缆线路铺设后，不能再进行土建施工的工程项目应结束。

（5）电缆沟排水畅通。

电缆线路敷设完毕后投入运行前，土建应完成的工作如下：①由于预埋件补遗、开孔、扩孔等需要而由土建完成的修饰工作；②电缆室的门窗；③防火隔墙。

（四）设备准备工作

敷设前，应对电缆进行外观检查及绝缘电阻试验。6kV 以上电缆应做耐压和泄漏试验。1kv 以下电缆用高阻计（摇表）测试，不低于 10MΩ。

所有试验均要做好记录，以便竣工试验时对比参考并归档。

电缆敷设前应准备好砖、砂，并运到沟边待用。准备好方向套（铅皮、钢字）标桩。

工具及施工用料的准备。施工前要准备好架电缆的轴辊、支架及敷设用电缆托架，封铅用的喷灯、焊料、抹布、硬脂酸以及木、铁锯，铁剪，8 号、16 号铅丝，编织的钢丝网套，铁锹、榔头、电工工具，汽油、沥青膏等。

电缆型号、规格及长度均应与设计资料核对无误。电缆不得有扭绞、损伤及渗漏油现象。

电缆线路两端连接的电气设备（或接线箱、盒）应安装完毕或已就位，敷设电缆的通道应无堵塞。

（五）电缆敷设搬运

电缆敷设搬运前，检查电缆外观应无损伤、绝缘良好。当对电缆的密封有怀疑时，应进行潮湿判断，直埋电缆应经过试验合格。注意电缆的规格、型号是否符合要求，尤其应注意电压等级和线芯截面。

电缆盘不应平放贮存和平放运输。盘装电缆在运输或滚动电缆盘前，必须检查电缆盘的牢固性，电缆两端应固定，电缆线圈应绕紧不松弛。

在装卸电缆过程中，不应使电缆及电缆盘受到损伤，装卸车时应尽可能使用汽车吊。用吊车装卸时，吊臂下方不得站人。用人力装卸时，可用跳板斜搭在汽车上，在电缆盘轴心穿一根钢管，两端用绳子牵着，使电缆盘在跳板上缓慢地滚下，滚动时必须顺着电缆盘上的箭头指示或电缆的缠紧方向。严禁将电缆盘直接由车上推下。

用汽车搬运时，电缆线轴不得平放，应用垫木垫牢并绑扎牢固，防止线盘滚动。行车时线盘的前方不得站人。

电缆运到现场后，应尽量放在预定的敷设位置，尽量避免二次搬运。

对充油电缆若运输和滚动方式不当，会引起电缆损坏或油管破裂。对充油电缆油管的保护，应在运输滚运过程中检查是否漏油，压力油箱是否固定牢固，压力指示是否符合要求等。否则电缆因漏油、压力降低会使电缆受潮以致不能使用。

当电缆需要短距离搬运时，允许将电缆盘滚到敷设地点，但应注意以下事项：

（1）应按电缆线盘上所标箭头指示或电缆的缠紧方向滚动，防止因电缆松脱而互相绞在一起。

（2）电缆线盘的护板应齐全，当护板不全时，只是在外层电缆与地面保持 100mm 以上的距离，而且路面平整时才能滚动。

（3）在滚动电缆线盘前，应清除道路上的石块、砖头等硬物，防止刺伤电缆，若道路松软则应铺垫木板等，以防线轴陷落压伤电缆。

（4）滚动电缆线盘时，应戴帆布手套，在电缆滚动的前方不得站人以防伤人。

（六）电缆加热方法

电缆允许敷设的最低温度，在敷设前 24h 内的平均温度以及电缆敷设现场的温度不低于规定的温度。当施工现场的温度低于规定不能满足要求时，应采取适当的措施，避免损坏电缆，如采取加热法或躲开寒冷期敷设等。

电缆加热方法通常有 2 种。

（1）提高室内温度。将加热电缆放在暖室里，用热风机或电炉及其他方法提高室内周围温度，对电缆进行加热。但这种方法需要时间较长，当室内温度为 5～10℃ 时，需 42h；如温度为 25℃ 时，则需 24～36h；温度在 40℃ 时需 18h 左右。有条件时可将电缆放在烘房内加热 4h 之后即可敷设。

（2）电流加热法。电流加热法是将电缆线芯通入电流，使电缆本身发热。电流加热的设备可采用小容量三相低压变压器，一次电压为 220V 或 380V，二次能供给较大的电流即可，但加热电流不得大于电缆的额定电流。也可采用交流电焊机进行加热。

用电流法加热时，将电缆一端的线芯短路并加铅封以防潮气侵入。铅封端时，应使短路的线芯与铅封之间保持 50mm 的距离。接入电源的一端可先制成终端头，在加热时注意不要使其受损伤，敷设完后就不要重新封端了。当电缆线路较长，所加热的电缆放在线路中间，可临时做一支封端头。通电电源部分应有调节电压的装置和适当的保护设备，防止电缆过载而损伤。

电缆在加热过程中，要经常测量电流和电缆的表面温度。测量电流可用钳型电流表。

（七）电缆相关要求

电缆敷设时，不应破坏电缆沟和隧道的防水层。在三相四线制系统中使用的电力电缆，不应采用三芯电缆另加一根单芯电缆或导线，以电缆金属护套等做中性线等方式。在三相系统中，不得将三芯电缆中的一芯接地运行。三相系统中使用的单芯电缆，应组成紧贴的正三角形排列（充油电缆及水底电缆可除外），并且每隔 1m 应用绑带扎牢。并联运行的电力电缆，其长度应相等。

电缆敷设时，在电缆终端头与电缆接头附近可留有备用长度。直埋电缆尚应在全长上留出少量裕度，并做波浪形敷设。当不能满足要求时，应采用适应于高位差的电缆，或在电缆中间设置塞止式接头。

电缆敷设时，电缆应从盘的上端引出，避免电缆在支架上及地面摩擦拖拉。电缆上不得有未消除的机械损伤，如铠装压扁、电缆绞拧、护层折裂等。

用机械敷设电缆时的牵引强度不宜大于规定数值。

油浸纸绝缘电力电缆在切断后，应将端头立即铅封；塑料绝缘电力电缆也应有可靠的防潮封端。充油电缆在切断后还应符合相应要求：①在任何情况下，充油电缆的任一段都应设有压力油箱以保持油压；②连接油管路时，应排除管内空气并采用喷油连接；③充油电缆的切断处必须高于邻近两侧的电缆，避免电缆内进气；④切断电缆时应防止金属屑及污物侵入电缆。

敷设电缆时，如电缆存放地点在敷设前 24h 内的平均温度以及敷设现场的温度低于规定数值时，应采取电缆加温措施，否则不宜敷设。

电力电缆接头盒的布置应符合相应要求：①并列敷设电缆，其接头盒的位置应相互错开；②电缆明敷时的接头盒须用托板（如石棉板等）托置，并用耐电弧隔板与其他电缆隔开，托板及隔板伸出接头两端的长度应不小于 0.6m；③直埋电缆接头盒外面应有防止机械损伤的保护盒（环氧树脂接头盒除外）。位于冻土层内的保护盒，盒内宜注以沥青以防水分进入盒内因冻胀而损坏电缆接头。

电缆敷设时，不宜交叉，电缆应排列整齐，加以固定并及时装设标志牌。

标志牌的装设应符合相应要求。①在下列部位，电缆上应装设标志牌：电缆终端头、电缆中间接头处；隧道及竖井的两端；入井内。②标志牌上应注明线路编号（当设计无编号时，则应写明电缆型号、规格及起始和结束地点）；并联使用的电缆应有顺序号；字迹应清晰，不易脱落。③标志牌的规格宜统一；标志牌应能防腐且挂装牢固。

直埋电缆沿线及其接头处应有明显的方位标志或牢固的标桩。

电缆固定时，应符合下列要求。

（1）在下列地方应将电缆加以固定：

1）垂直敷设或超过45°倾斜敷设的电缆，在每一个支架上。

2）水平敷设的电缆，在电缆首末两端及转弯、电缆接头两端处。

3）充油电缆的固定应符合设计要求。

（2）电缆夹具的形式宜统一。

（3）使用于交流的单芯电缆或分相铅套电缆在分相后的固定，其夹具的所有铁件不应构成闭合磁路。

（4）裸铅（铝）套电缆的固定处应加软垫保护。

沿电气化铁路或有电气化铁路通过的桥梁上明敷电缆的金属护层（包括电缆金属管道），应沿其全长与金属支架或桥梁的金属构件绝缘。

电缆进入电缆沟、隧道、竖井、建筑物、盘（柜）以及穿入管子时，出入口应封闭，管口应密封。

对于有抗干扰要求的电缆线路，应按设计规定采取抗干扰措施。

装有避雷针和避雷线的构架上的照明灯电源线，必须采用直埋于地下的带金属护层的电缆或穿入金属管的导线。电缆护层或金属管必须接地，埋地长度应在10m以上，方可与配电装置的接地网相连或与电源线、低压配电装置相连接。

（八）电缆支架安装

电缆沟内电缆支架安装。

（1）电缆在沟内敷设，要用支架支持或固定，因而支架的安装是关键，其相互间距离是否恰当，将影响通电后电缆的散热状况是否良好、对电缆的日常巡视和维护检修是否方便，以及在电缆弯曲处的弯曲半径是否合理。

（2）电缆支架自行加工时，钢材应平直，无显著扭曲。下料后长短差应在5mm范围内，切口无卷边、毛刺。钢支架采用焊接方式时，不要有显著的变形。支架上各横撑的垂直距离，其偏差不应大于 2mm。支架应安装牢固，横平竖直，同一层的横撑应在同一水平面上，其高低偏差不应大于 5mm。在有坡度的电缆沟内，其电缆支架也要保持同一坡度。

（3）当设计无要求时，电缆支架最上层至沟顶的距离不小于 150 ～ 200mm；电缆支架最下层至沟底的距离不小于 50 ～ 100mm。

（4）当设计无要求时，电缆支架层间最小允许距离应符合规定的距离。

（5）支架与预埋件焊接固定时，焊缝应饱满；用膨胀螺栓固定时，选用螺栓要适配，连接紧固，防松零件齐全。

（6）当设计无要求时，电缆支持点间距不小于规定的距离。

（九）电缆支架接地

为避免电缆产生故障时危及人身安全，电缆支架全长均应有良好的接地，电缆线路较长时，还应根据设计多点接地。

接地线宜使用直径不小于 12mm 的镀锌圆钢，并应在电缆敷设前与支架焊接。当电缆支架利用电缆沟或电缆隧道的护边角钢或预埋的扁钢接地线作为接地线时，无须再敷设专用的接地线。

（十）电缆在支架上敷设

在电缆沟内和竖井内的支架上敷设电缆，其外观检查，可以在全部敷设完后进行。

（1）敷设在支架上的电缆，按电压等级排列，高压在上面，低压在下面，控制与通信电缆在最下面。如两侧装设电缆支架，则电力电缆与控制电缆、低压电缆应分别安装在沟的两边。电缆支架横撑间的垂直净距，无设计规定时，一般对电力电缆不小于 150mm；对控制电缆不小于 100mm。

（2）在电缆沟内敷设电缆时，要注意以下方面。

1）电缆敷设在沟底时，电力电缆间为 35mm，但不小于电缆外径尺寸；不同级电力电缆与控制电缆间为 100mm；控制电缆间距不做规定。

2）电缆表面距地面的距离不应小于 0.7m，穿越农田时不应小于 1m；66kV 以上的电缆不应小于 1m。只有在引入建筑物、与地下建筑交叉及绕过地下建筑物处，可埋设浅些，但应采取保护措施。

3）电缆应埋设于冻土层以下。当无法深埋时，应采取措施，防止电缆受到损坏。

（3）电缆之间，电缆与其他管道、道路、建筑物等之间平行和交叉时的最小距离，应符合规定。严禁将电缆平行敷设于管道的上面或下面。

（4）竖井内电缆敷设应注意以下方面。

1）敷设在竖井内的电缆，电缆的绝缘或护套应具有非延燃性。通常采用较多的为聚氯乙烯护套细钢丝铠装电力电缆，因为此类电缆能承受的拉力较大。

2）电缆在竖井内沿支架垂直布线所用支架可在现场加工制作，其长度应根据电缆直径及根数的多少确定。

3）扁钢支架与建筑物的固定应采用 M 10×80 的膨胀螺栓紧固。支架设置距离为 1.5m，底部支架距楼（地）面的距离不应小于 300mm。支架上电缆的固定采用管卡子固定，各电缆之间的间距不应小于 50mm。

4）电缆在穿过楼板或墙壁时，应设置保护管，并用防火隔板、防火堵料等做好密封隔离，保护管两端管口空隙应做密封隔离。电缆沿支架的垂直安装，小截面电缆在电气竖井内布线，也可沿墙敷设，此时可使用管卡子或单边管卡子用塑料胀管固定。电缆布线过程中，垂直干线与分支干线的连接，通常采用"T"接方法。为了接线方便，树干式配电系统电缆应尽量采用单芯电缆。

5）电缆敷设过程中，固定单芯电缆应使用单边管卡子以减少单芯电缆在支架上的感应涡流。对于树干式电缆配电系统，为了"T"接方便，也应尽可能采用单芯电缆。

六、电气的配管配线工程

（一）配管配线工程要求

无论配管工程为明配管或暗配管，都有一些共同的技术质量要求，主要包括以下 9 点。

（1）线路为暗配管时，暗配管宜沿最近的路线敷设，并应尽量减少弯曲。在建筑物、构筑物中的暗配管，与建筑物、构筑物表面的距离不应小于 15mm。

（2）暗配管不宜穿越设备或建筑物、构筑物的基础。否则，应采取保护措施，防止基础下沉或设备运转时的振动影响管线的正常工作。

（3）弯管时，管子的弯曲处不应有褶皱、凹陷和裂缝，弯扁程度不应大于管外径的 10%。

（4）当线路明配时，管子的弯曲半径不宜小于管子外径的 6 倍；当 2 个接线盒间只有 1 个弯曲时，其弯曲半径不宜小于管子外径的 4 倍。

（5）当线路为暗配时，弯曲半径不应小于管子外径的 6 倍；当埋设于地下或混凝土内时，其弯曲半径不应小于管子外径的 10 倍。

（6）配管遇到下列情况之一时，中间应增设接线盒或拉线盒，且接线盒或拉线盒的位置应处于便于穿线的地方：

1）管长度每超过 30m，无弯曲时。

2）管长度每超过 20m，有 1 个弯时。

3）管长度每超过 15m，有 2 个弯时。

4）管长度每超过 8m，有 3 个弯时。

（7）垂直敷设的管子,遇到下列情况之一时,应增设过路盒,作为固定导线用的拉线盒:

1）管内穿线截面在 50mm² 以下时，长度每超过 30m。

2）管内穿线截面在 70～95mm² 时，长度每超过 20m。

3）管内穿线截面在 120～240mm² 时，长度每超过 18m。

（8）配管进入落地式配电箱时，管子应排列整齐，管口应高出基础面 50～80mm。

（9）当金属管、金属盒（或箱）与塑料管、塑料盒（或箱）混合使用时，金属管与金属盒（或箱）必须做可靠的接地连通。

（二）导管和线槽的验收

导管应按批查验合格证。

电气安装用导管现场验收时应注意以下几点。

（1）硬质阻燃塑料管（绝缘导管）：凡所使用的阻燃型（PVC）塑料管，其材质均应具有阻燃、耐冲击性能，其氧指数不应低于 27% 的阻燃指标，并应有检定检验报告单和产品出厂合格证。

阻燃型塑料管外壁应有间距不大于 1m 的连续阻燃标记和制造厂厂标，管子内外壁应光滑，无凸棱、凹陷、针孔及气泡，内外径的尺寸应符合国家统一标准，管壁厚度应均匀一致。

（2）塑料阻燃型可挠（波纹）管：塑料阻燃型可挠（波纹）管及其附件必须阻燃，其管外壁应有间距不大于 1m 的连续阻燃标记和制造厂标，产品有合格证。管壁厚度均匀，无裂缝、孔洞、气泡及变形现象。管材不得在高温及露天场所存放。

管箍、管卡头、护口应使用配套的阻燃型塑料制品。

（3）钢管：镀锌钢管（或电线管）壁厚均匀，焊缝均匀规则，无劈裂、砂眼、棱刺和凹扁现象。除镀锌钢管外其他管材的内外壁须预先进行除锈防腐处理，埋入混凝土内可不刷防锈漆，但应进行除锈处理。镀锌钢管或刷过防腐漆的钢管表层完整，无剥落现象。

管箍丝扣要求是通丝，丝扣清晰，无乱扣现象，镀锌层完整无剥落、无劈裂，两端光滑无毛刺。

护口有用于薄、厚壁管之区别，护口要完整无损。

（4）可挠金属电线管：可挠金属电线管及其附件，应符合国家现行技术标准的有关规定，并应有合格证，同时还应具有当地消防部门出示的阻燃证明。

可挠金属电线管配线工程采用的管卡、支架、吊杆、连接件及盒箱等附件，均应镀锌或涂防锈漆。可挠金属电线管及配套附件器材的规格型号应符合国家规范的规定和设计要求。

线槽查验合格证。线槽外观检查应部件齐全，表面光滑、不变形。塑料线槽有阻燃标记和制造厂标。

（三）配管配线基本工序

要使室内电气配管、配线工程达到设计要求和规范要求，应按以下的工作程序进行。

（1）弄懂弄清设计图纸，明确配管工作内容和土建结构。

（2）暗配管工程在施工时，应配合土建工程的进度进行施工，包括土建墙体的定位及灯具、开关、插座、配电箱的定位等；根据起讫位置，通过实测实量，进行管子的加工预制工作；根据土建进度要求，及时在现场敷设、连接和固定管子；做跨接接地焊接。

（3）明配管工程施工，一般在土建主体工程完成后，同时又在粉刷装饰工程之前进行，基本工作包括测量并定位灯具、开关、插座、配电箱等的位置；根据起讫位置，通过实测实量，加工预制管子；根据现场安装位置及规范要求，加工制作支架、吊架等；用膨胀螺栓固定支架、吊架等；在支架或吊架上固定管子；焊接跨接接地线。

（4）根据工程特点和总体进度要求，及时准确地穿线和接线。决定配管、配线工程是否达到要求，关键在于是否弄懂弄清图纸以及在施工的全过程中是否精心。

（四）敷设工序交接确认

敷设工序交接需要确认的有：

（1）电线、电缆导管敷设，除埋入混凝土中的非镀锌钢导管外壁不做防腐处理外，其他场所的非镀锌钢导管内外壁均做防腐处理，经检查确认，才能在配管工程中使用。

（2）室外直埋导管的路径、沟槽深度、宽度及垫层处理经检查确认，才能埋设导管（但电线钢导管在室外埋地敷设的长度不应大于15m）。

（3）砖混结构墙体内导管敷设，导管经弯曲加工及管与盒（箱）连接后，经检查确认合格才能配合土建在砌体墙内敷设。

（4）敷设的盒（箱）及隐蔽的导管，在扫管及修补后，经检查确认，才能进行装修施工。

（5）在梁、板、柱、墙等部位明配管的导管套管、埋件、支架等检查合格，土建装修工程完成后，才能进行导管敷设。

（6）吊顶上的灯位及电气器具位置先确定，且与土建及各专业商定并配合施工，才能在吊顶内敷设导管，导管敷设完成（或施工中）后，经检查确认，才能安装顶板。

（7）顶棚和墙面土建装修工程基本完成后，才能敷设线槽。

（五）钢导管的基本内容

1. 钢导管加工

钢导管在加工前，施工人员要对导管进行外观检查，不合标准的管材不能再加工，更不能用到工程中去。

要先清除导管内的毛刺和杂物，消除管内缺陷，以免电线穿管时损伤电线的绝缘层。还要根据敷设部位的要求，进行防腐处理和导管加工。

（1）钢管除锈与涂漆。钢管内如果有灰尘、油污或受潮生锈，不但穿线困难，而且会造成导线的绝缘层损伤，使绝缘性能降低。因此，在敷设电线管前，应对线管进行除锈涂漆。

钢管内外均应刷防腐漆，埋入混凝土内的管外壁除外；埋入土层内的钢管，应刷两度沥青或使用镀锌钢管；埋入有腐蚀性土层内的钢管，应按设计规定进行防腐处理。使用镀锌钢管时，在锌层剥落处，也应刷防腐漆。

（2）切断钢管。可用钢锯（最好选用钢锯条）切断或管子切割机割断。

钢管不应有折扁和裂缝，管内无铁屑及毛刺，切断口应锉平，管口应刮光。

（3）套丝。丝口连接时管端套丝长度不应小于管接头长度的1/2；在管接头两端应焊接跨接接地线。薄壁钢管的连接必须用丝扣连接。薄壁钢管套丝一般用圆板牙扳手和圆板牙铰制。

厚壁钢管，可用管子铰板和管螺纹板牙铰制。铰制完螺纹后，随即清修管口，将管口端面和内壁的毛刺锉光，使管口保持光滑，以免割破导线绝缘层。

（4）弯管。钢管明配须随建筑物结构形状进行立体布置，但要尽量减少弯头。

钢管弯制常用的弯管方法有以下几种。

1）弯管器弯管：在弯制管径为50mm以下的钢管时，可用弯管器弯管。制作时，先将管子弯曲部位的前段放入弯管器内，管子焊缝放在弯曲方向的侧面，然后用脚踩住管子，手扳弯管器柄，适当加力，使管子略有弯曲，再逐点移动弯管器，使管子弯成所需的弯曲半径。

2）滑轮弯管器弯管：当钢管弯制的外观、形状要求较高时，特别是弯制大量相同曲率半径的钢管时，要使用滑轮弯管器，固定在工作台上进行弯制。

3）气焊加热弯制：厚壁管和管径较粗的钢管可用气焊加热进行弯制。须注意掌握火候，钢管加热不足（未烧红）则弯不动；加热过火（烧得太红）或加热不均匀，容易弯瘪。此外，对预埋钢管露出建筑物以外的部分不直或位置不正时，也可以用气焊加热整形。

对弯管的要求：①钢管弯曲处不应出现凹凸和裂缝，弯扁程度不应大于管外径的10%；②被弯钢管的弯曲半径应符合规定，弯曲角度一定要大于90°；③钢管弯曲时，焊缝如放在弯曲方向的内侧或外侧，管子容易出现裂缝，当有2个以上弯时，更要注意管子的焊缝位置。④管壁薄、直径大的钢管弯曲时，管内要灌满砂且应灌实，否则钢管容易弯瘪，如果用加热弯曲，要灌干燥砂，灌砂后，管的两端塞上木塞。

2. 钢导管的连接

钢管之间的连接，一般采用套管连接。套管连接宜用于暗配管，套管长度为连接管外径的 1.5 ~ 3 倍；连接管的对口处应在套管的中心，焊口应焊接牢固、严密。薄壁钢管的连接必须用丝扣连接。

钢管与接线盒、开关盒的连接，可采用螺母连接或焊接。采用螺母连接时，先在管子上拧一个锁紧螺母（俗称根母），然后将盒上的敲落孔打掉，将管子穿入孔内，再用手旋上盒内螺母（俗称护口），最后用扳手把盒外锁紧螺母旋紧。

3. 钢导管的接地

金属的导管必须与 PE 线或 PEN 线可靠连接，这是用电安全的基本要求，以防产生电击现象，并应符合下列规定：

（1）镀锌钢导管和壁厚 2mm 以下的薄壁钢导管，不得熔焊跨接接地线。

（2）镀锌钢导管的管与管之间采用螺纹连接时，连接处的两端应该用专用的接地卡固定。

（3）以专用的接地卡跨接的管与管及管与盒（箱）间跨接线为黄绿相间色的铜芯软导线，截面积不小于 4mm²。

（4）当非镀锌钢导管采用螺纹连接时，连接处的两端用专用接地卡固定跨接线，也可以焊接跨接接地线。

当非镀锌钢导管与配电箱箱体采用间接焊接连接时，可以利用导管与箱体之间的跨接接地线固定管、箱。

跨接接地线直径应根据钢导管的管径来选择。管接头两端跨接接地线焊接长度，不小于跨接接地线直径的 6 倍，跨接接地线在连接管焊接处距管接头两端，不宜小于连接管与盒（箱）的跨接接地线，应在盒（箱）的棱边上焊接，跨接接地线在箱棱边上焊接的长度不小于跨接接地线直径的 6 倍，在盒上焊接不应小于跨接接地线的截面积。

（5）套接压扣式薄壁钢导管及其金属附件组成的导管管路，当管与管及管与盒（箱）连接符合规定时，连接处可不设置跨接接地线，管路外壳应有可靠接地；导管管路不应作为电气设备接地线使用。

（6）套接紧定式钢导管及其金属附件组成的导管管路与第五条套接压扣式薄壁钢导管及其金属附件组成的导管管路要求相同。

（六）管道敷设主要类型

钢管敷设主要类型有暗配钢管敷设、明配钢管敷设。

1. 暗配钢管敷设

在建筑物的楼板内、墙柱内、地面内敷设的电气管线属于暗配管线。

（1）钢管在楼板内的暗配。当楼板为预制楼板时，钢管一般配置于楼板的夹缝或水泥垫层内。

有预制钢筋混凝土楼板上暗配的钢管，钢管的固定可采用楼板上打膨胀螺栓固定（把钢管与膨胀螺栓焊接连接）。

在现浇钢筋混凝土楼板上暗配钢管时，应在土建的底层钢筋绑扎结束，并在上层钢筋还未绑扎时及时准确地敷设暗配管，暗配管和暗配箱盒的固定，可用钢筋跨接焊接在钢管（箱盒）与钢筋之间。焊接时，既不可以损伤钢管与箱盒内部，也不得破坏钢筋结构。当钢管在楼板内要跨越伸缩缝，应尽可能将用于管线伸缩的过路接线盒设置于墙上，以便于维修时更换线路。

（2）钢管在现浇混凝土墙柱内暗配。钢管在现浇混凝土墙或柱子内暗配时，应在土建钢筋绑扎完毕之后，并在土建浇筑混凝土之前进行施工。暗配的钢管及电气配电箱、开关盒、插座盒及过路接线盒等的固定方法有2种。可以用细铁丝绑扎固定，也可以用焊接法固定，即将钢管及箱盒用钢筋跨接于结构钢筋上，但不得由此而破坏建筑钢筋的结构。

（3）钢管在砖墙内的暗配。钢管暗配于砖墙内的施工方法，可以在土建砌墙时敷设钢管及电气配电箱、开关盒、插座盒等，也可以在砌墙之后在砖墙上开槽敷设钢管。

当采用在砖墙上开槽敷设钢管时，应在土建抹灰之前进行，切不可在土建抹灰之后进行。

在砖墙上开槽应使用专用的开槽机开槽，避免破坏砖墙结构。钢管在槽内敷设时应该用高标号的水泥砂浆稳牢。

（4）钢管在土质地面内暗配。当钢管在水泥地面下的土层上敷设时，应敷设在被夯实的土层上。钢管按设计敷设后，可在其旁边打入膨胀螺栓、角钢或者钢筋等，再将敷设的钢管与其焊接连接，以便固定被敷设的钢管。

钢管油漆完整，安装固定牢靠后，即可由土建制作水泥地面。

（5）暗配钢管的连接和接地。国家施工及验收规范要求，暗配的黑色钢管与盒箱连接可以采用焊接方式连接，焊接钢管的连接可采用套管焊接连接；镀锌钢管与盒箱的连接和明配钢管一样，应采用锁紧螺母连接，镀锌钢管与薄皮管（电线管）应采用螺纹连接，不应采用焊接方式。

钢管用套管焊接连接时，套管与钢管连接部位的四周要全部焊接严密无遗漏，必须防止水泥砂浆灌入钢管内凝结成一体，堵塞钢管而无法穿线。

钢管是一种良好的导体。国家有关规范标准规定：钢管可以作为接地线的部分；由于管内有带电的导线或电缆等，钢管本身也需要做接地处理，即钢管要通过其他金属材料与主接地体连通；暗配钢管跨越电气箱盒时，钢管要做跨接接地焊接处理，箱盒与钢管之间应采用焊接方式，如果采用螺丝连接时，箱盒外壳与钢管之间也需要做跨接接地处理。

钢管做跨接接地时，跨接接地线一般用圆钢材料。在地下土层中配管时，若管内为交流回路的导线，接地圆钢直径应 ≥ 10mm；若管内为直流回路导线时，接地圆钢直径应 ≥ 12mm。当在地上配管时，室内的跨接接地圆钢直径应 ≥ 6mm，室外应 ≥ 8mm。

为保证整个接地系统的安全可靠，跨接接地所使用的圆钢与箱盒两侧的钢管的焊接，施工中不可进行点接触焊接，应保证足够的焊接长度。

2. 明配钢管敷设

钢管明配敷设一般包括沿墙明配、沿楼板明配和沿空间某一位置标高的明配管，主要安装材料包括钢管、支架或吊架、管卡和明配接线盒管。钢管明配的基本要求为横平竖直，钢管排列整齐，钢管的固定点的间距应均匀，钢管管卡间的最大距离应符合规定，并且要求在管路距终端、距弯头中点、距接线盒或过路盒、距电器器具等的边缘距离在 150 ～ 500mm 范围应对钢管予以固定。

当钢管直接明敷于墙上、楼板上或柱子上时，可以在墙上、楼板上或柱子上打入塑料胀管，然后将钢管连同管卡子固定于塑料胀管上。当成排管子或管径较大、重量很重时，应在墙上安装"L"形或"U"形支架，在支架上用管卡子或管卡固定钢管。支架在墙上、楼板上或者柱子上的生根固定用膨胀螺栓。

当钢管敷设在某一标高位置的空间位置时，和在吊顶内敷设钢管基本上是一样的（在吊顶内走向可按设计图沿最短路线斜向敷管，其他明配管不允许斜向敷管，其余要求均相同）。

这时，管子和管卡必须安装在吊杆支架上。吊架的形式有单吊杆式和双吊杆架式 2 种，吊杆的材料可以用圆钢，也可用 25mm×4mm 的扁钢（仅适用于单吊杆吊架），吊杆的上部与楼板或大梁上的膨胀螺栓相连，因此，对于圆钢吊架，上部应焊 30 ～ 50mm 长的 130×30×3（mm）或 140×40×4（mm）的角钢，而扁钢吊架的上部可焊角钢，亦可将扁钢上部弯成直角来代替，应视管线的重量而定。

单吊杆用圆钢制作时，下部应焊约 100mm 长的扁钢，以便打孔安装管卡（打孔、焊接组对应在安装前完成）。

暗配钢管的连接可以采用套管连接，明配钢管的连接除管径太大、无法套丝者外，应采用专用管接头（管箍）连接，即螺纹连接。因此，明配钢管的两端应在安装前用套丝机套丝，套丝长度不应小于管接头长度的 1/2，并且要求钢管用管接头连接以后，宜外露螺纹 2 ～ 3 扣。无论是管接头或是钢管的丝扣螺纹都应表面光滑无缺损。

明配钢管与电气箱盒连接时，钢管端头也应套丝，与电气箱盒连接前，应在箱盒上用开孔器开规格与钢管外径匹配的圆孔，钢管与电气箱盒连接时，应在箱盒两侧的管子上各装一锁紧螺母，以便将管子与箱盒连接固定。要求锁母固定后，箱盒内的管端螺纹宜外露 2 ～ 3 扣。为满足伸缩和沉降 2 个方面的要求，在该图中的拉线盒右侧应开设竖向的长条孔或者大圆孔。

明配钢管的跨接接地包括：管接头两侧钢管的跨接接地焊接；箱盒两侧的钢管跨接接地焊接；钢管与箱盒的跨接地焊接。接地圆钢的最大规格的规定及焊接长度的规定与暗配钢管的要求相同。

塑料管的敷设。硬塑料管与钢管的敷设方法基本相同，敷设硬塑料管的特殊要求如下。①固定间距：明配硬塑料管应排列整齐，固定点的距离应均匀；管卡与终端、转弯中点、电气器具或接线盒边缘的距离为 150～500mm；中间的管卡最大间距应符合规定。②易受机械损伤的地方：明管在穿过楼板易受机械损伤的地方应用钢管保护，其保护高度距楼板面不应低于 500mm。③与蒸汽管距离：硬塑料管与蒸汽管平行敷设时，管间净距不应小于 500mm。④热膨胀系数：硬塑料管的热膨胀系数 [0.08mm／(m·℃)] 要比钢管大 5～7 倍，如 30m 长的塑料管，温度升高 40℃，则长度增加 96mm，因此，塑料管沿建筑物表面敷设时，直线部分每隔 30m 要装设补偿装置（在支架上架空敷设除外）。⑤配线：塑料管配线，必须采用塑料制品的配件，禁止使用金属盒。塑料线入盒时，可不装锁紧螺母和管螺母，但暗配时须用水泥筑牢，在轻质壁板上采用塑料管配线时，管入盒处应采用胀扎管头绑扎。⑥使用保护管：硬塑料管埋地敷设（在受力较大处，宜采用重型管）引向设备时，露出地面 200mm 段，应用钢管或高强度塑料管保护。保护管埋地深度不小于 50mm。

绝缘导管敷设。绝缘导管是指刚性绝缘导管，也称为刚性 PVC 管。

绝缘导管在民用建筑电气安装工程中被广泛用作电线导管。

由于绝缘导管在高温下机械强度下降，老化迅速且徐变量大，环境温度在 40℃ 以上的高温场所不应敷设；绝缘导管在经常发生机械冲击、碰撞、摩擦等易受机械损伤的场所也不应使用。

（1）导管的选择。在施工中一般都采用热塑性塑料（受热时软化，冷却时变硬，可重复受热塑制的称为热塑性塑料，如聚乙烯、聚氯乙烯等）制成的硬塑料管。硬塑料管有一定的机械强度。明敷设塑料管壁厚不应小于 2mm，暗敷设的不应小于 3mm。

（2）导管的连接。加热直接插接法。操作步骤如下：

1）将管口倒角，外管倒内角，内管倒外角。

2）将内管、外管插接段的尘埃等污垢擦净，如有油污时可用二氯乙烷、苯等溶剂擦净。

3）插接长度应为管径的 1.1～1.8 倍，用喷灯、电炉、炭化炉加热，也可浸入温度为 130℃ 左右的热甘油或石蜡中加热至软化状态。

4）将内管插入段涂上胶合剂（如聚乙烯胶合剂）后，迅速插入外管，待内外管线一致时，立即用湿布冷却。

（3）导管的揻弯。

1）直接加热揻弯。管径 20mm 以下可直接加热揻弯。加热时均匀转动管身，到适当温度，立即将管放在平木板上揻弯。

2）填砂揻弯。管径在 25mm 以上，应在管内填砂揻弯。先将一端管口堵好，然后将干砂灌入管内撖实，将另一端管口堵好后，用热砂加热到适当温度，即可放在模型上弯制成型。

3）揻弯技术要求。明管敷设弯曲半径不应小于管径的 6 倍；埋设在混凝土内时应不小于管径的 10 倍。塑料管加热不得将管烤伤、烤变色以及有明显的凹凸变形等现象。凹偏度不得大于管径的 1/10。

（4）保护接零线。用塑料管布线时，如用电设备需接零装置时，在管内必须穿入接零保护线。利用带接地线型塑料电线管时，管壁内的 $1.5mm^2$ 铜接地导线要可靠接通。

（七）管内穿线接线工作

无论是钢管还是塑料管，尤其是暗配工程，在管路敷设完成后，所有的管口必须做封堵处理。封堵要严实，不能让水泥砂浆、雨水及其他杂物进入，以便穿线方便，线路运行也能安全可靠。

穿线应注意以下事项。

（1）管内穿线前应先对管路进行检查，如果有杂物或水等进入，要及时清理。有水泥砂浆进入时，如果水泥砂浆已固化，必须采取措施，根据现场实际条件，另外补敷管子以实现用电功能。

（2）穿线时，钢管管口不得有毛刺，否则应用钳子或圆锉等将管口的毛刺打掉，保证管口光滑平整，防止毛刺伤坏电线绝缘。穿线工作包括管内穿钢丝（或铁丝）和管内穿线两项基本工作。管内穿钢丝在施工条件许可时，宜越早进行越好，这样可以在没有粉刷地面或墙时，及早发现管内不通的问题，以便提前处理。

（3）管子钢丝穿完后，如果暂时不准备穿线，应在电气盒（箱）内对每个管内进行封堵，防止土建粉刷墙时水泥砂浆等杂物进入管内。

（4）管内穿线工作宜在建筑物抹灰、粉刷及地面工程结束后进行；穿线前，应将管内积水及杂物清除干净。清理积水及杂物一般可用吹风机对着较高一端的管口吹洗，也可在钢丝上固定拖布清扫，直至管内无积水和杂物为止。

（5）穿线工作应严格按照设计图纸和国家施工及验收规范的要求，所使用的电线应为合格产品，电线的型号和规格应符合设计要求，并根据以下规定选用电线的色标：

1）相线的颜色色标规定为 l_1（U）相电线用黄色线，l_2（V）相电线用绿色线，l_3（W）相电线用红色线。

2）零线（N）使用淡蓝色线，地线（PE）用黄绿线。

穿线的电线一定要按上述规定分清电线的色标，给接线及校线、维修等提供方便。

　　管内穿线是用钢丝将其拉入管子内实现穿线目的的。为便于日后维修中查线及换线，电线在管内不允许有绞股现象，因此要边穿线边放线，消除电线的弯曲。同时，在穿线的过程中，要避免电线在管口直接摩擦，防止破坏电线的绝缘层。

　　在管内穿线工作结束后，应立即进行校线和接线，校线和接线应同时进行。校线的方法有2种：一种是根据管子两端的色标，将电气回路接通；另一种校线办法是采用电话校线。

　　对于配管配线，电线接头不允许在管子中间，应在管子与管子之间的接线盒中接线，并由接线盒将电源引向用电器具或开头、插座等。

　　在接线盒中连接导线前，应在每个盒子的管口套入与管径匹配的塑料或橡皮护圈，防止电线与管口直接接触，保护电线的绝缘层。

　　接线完毕后，用500V兆欧表检查每个回路电线的对地电阻（钢管、金属箱外壳均为绝缘电阻），绝缘电阻应符合要求。例如，对动力或照明线路，绝缘电阻应≥0.5MΩ；对于火灾报警线路，未接任何元件时，单纯线路的绝缘电阻应≥20MΩ。

　　当线路绝缘测试完毕且符合要求后，管子与管子之间的接线盒应加盖封闭，使电线及接头不外露。要求铁皮盒子加铁皮盖板，塑料接线盒（包括过路盒）加塑料盖板。禁止塑料盒子加铁皮盖板，防止内部电线绝缘破坏时，使未接地的盒子铁皮盖板带电伤人。

（八）可挠金属电线保护管

　　可挠金属电线保护管也称普利卡金属套管。此管种类很多，其基本结构是由镀锌钢带卷绕成螺纹状，属于可挠性金属套管，具有搬运方便、施工容易等特点。

　　可挠金属电线保护管性能优越，不但适用于建筑和装饰工程中，还可在机电、铁路、交通、石油、化工、航空、船舶、电力等行业的电气布线工程中应用。

　　（1）管子的切断。可挠金属电线保护管，不须预先切断，在管子敷设过程中，需要切断时，应根据每段敷设长度，使用可挠金属电线保护管切割刀进行切断。

　　切管时用手握住管子或放在工作台上用手压住，将可挠金属电线保护管切割刀刀刃，轴向垂直对准可挠金属电线保护管螺纹沟，尽量成直角切断。如放在工作台上切割时要用力边压边切。

　　可挠金属电线保护管也可用钢锯进行切割。

　　可挠金属电线保护管切断后，应清除管口处毛刺，使切断面光滑。在切断面内侧用刀柄绞动一下。

　　（2）管子弯曲。可挠金属电线保护管在管子敷设时，可根据弯曲方向的要求，无须任何工具用手自由弯曲。

　　可挠金属电线保护管的弯曲角度不宜小于90°。明配管管子的弯曲半径不应小于管外径的 3 倍。在不能拆卸、检查的场所使用时，管的弯曲半径不应小于管外径的 6 倍。

可挠金属电线保护管在敷设时应尽量避免弯曲。明配管直线段长度超过 30m 时，暗配管直线长度超过 15m 或直角弯超过 3 个时，均应装设中间拉线盒或放大管径。

若管路敷设中出现有 4 处弯曲，且弯曲角度总和不超过 270° 时，可按 3 个弯曲处计算。

（3）可挠金属电线保护管的连接。

1）管的互接。可挠金属电线保护管敷设，中间需要连接时，应使用带有螺纹的 KS 型直接头连接器进行互接。

2）可挠金属电线保护管与钢导管连接。

可挠金属电线保护管在吊顶内敷设中，有时需要与钢导管直接连接，可挠金属电线保护管的长度在电力工程中不大于 0.8m，在照明工程中不大于 1.2m。管的连接可使用连接器进行无螺纹和有螺纹连接。

可挠金属电线保护管与钢导管（管口无螺纹）进行连接时，应使用 VKC 型无螺纹连接器进行连接。VKC 型无螺纹连接器共有 2 种型号：VKC-J 型和 VKC-C 型，分别用于可挠金属电线保护管与厚壁钢导管和薄壁钢导管（电线管）的连接。

（4）可挠金属电线保护管的接地和保护。

1）可挠金属电线保护管必须与 PE 线或 PEN 线有可靠的电气连接，可挠金属电线保护管不能做 PE 线或 PEN 线的接续导体。

2）可挠金属电线保护管，不得熔焊跨接接地线，以专用接地卡跨接的两卡间连线为铜芯软导线，截面积不小于 4mm²。

3）当可挠金属电线保护管及其附件穿越金属网或金属板敷设时，应采用经阻燃处理的绝缘材料将其包扎，且应超出金属网（板）10mm 以上。

4）可挠金属电线保护管不宜穿过设备或建筑物、构筑物的基础，当必须穿过时，应采取保护措施。

七、避雷装置的安装流程

（一）避雷针安装一般事项

1. 避雷针的制作安装

避雷针制作一般按施工图或标准图，通常高度由设计图纸规定。"避雷针属于典型的高耸结构，长细比较大，整体刚度较小，在脉动风的作用下容易发生顺风向的风致振动；同时，因其断面为圆形，在低风速下也容易发生横风向的涡激振动。"[1] 针尖部分用圆钢锻尖后镀锌或镀锡，针尖锥角为 21 ~ 25°，长度为 500mm。针尖以下接长部分依次选用

---

[1] 华坤：《独立式避雷针风振响应分析及结构优化》，载《建筑结构》2021 年第 51 卷第 S1 期，第 1789—1793 页。

Dg25、Dg40、Dg50、Dg80、Dg100 镀锌钢管，各段长度从 500～1500mm（第一段），以后每段可采用 1500～3000mm，以保证避雷针的强度。

下料时，除最下段长度外，均按图中尺寸增加 250mm。按图示尺寸打好穿钉孔，两孔空间成 90°直角。用 M12 螺栓螺母连接好，调整垂直后方可焊接。

各段焊接前，可用钢丝弯成与插入段外径相同的铁圈放在焊口外，利于焊缝的形成。焊完后将穿钉处螺栓卸掉，用电焊点牢内外钢管，再用银粉漆涂刷焊接处。

避雷针在平屋顶上的安装：通常制作一块 300～500mm 见方、6mm 厚的钢板底座，用 4 只 M25×250 螺栓固定于屋顶混凝土梁板内，亦可以预埋底座，避雷针与底座之间采用 6mm 厚钢筋板焊接固定。若高度大于 6m 时，根据风力情况可设置拉线，具体固定位置、角度应通过设计计算确定。

避雷针在山墙上安装：根据避雷针的长短在山墙上预埋上下间距为 600～1000mm 的两根 150×50×5 的角钢，避雷针用 U 形卡固定在角钢支架上，下端面落在下支架侧面上。

避雷针在女儿墙上安装：可直接用预埋的底脚螺栓加抱箍固定在墙侧面，如女儿墙部分用混凝土现浇的，可以在土建施工中直接插在其中。

2. 避雷网（带）的安装

屋顶上安装的避雷带一般采用（20×4）～（25×4）镀锌扁钢，或镀锌圆钢，明设。

它在屋面上的固定方式有 2 种：其一为预制混凝土块支座，正四棱台形，底面 150～200mm 见方，顶面 100～150mm 见方，高度为 100～150mm，预埋一根 48 镀锌圆钢，埋入 50mm，伸出 100mm，支座间距为 2m；其二为在屋顶女儿墙或山墙上预埋支架，支架材料及埋深露高同前述。支架间距为 1～1.5m。

这里要说明，无论何种安装方法，避雷针安装必须位置正确，固定牢靠，防腐良好，针体垂直，避雷针及支持件的制作质量符合设计要求。

避雷网可以明敷，也可以暗配。暗配时，应和柱内主筋及避雷带的引上接地线焊在一起。

3. 避雷针安装注意事项

在进行避雷针制作与安装时，需要注意以下事项。

（1）焊接处不饱满，焊药处理不干净，漏刷防锈漆。应及时予以补焊，将药皮敲净，刷上防锈漆。

（2）针体弯曲，安装的垂直度超出允许偏差。应将针体重新调直，符合要求后再安装。

在进行避雷网（带）敷设时，需要注意以下事项：

1）焊接面不够，焊口有夹渣、咬肉、裂纹、气孔及药皮处理不干净等现象。应按规范要求修补更改。

2）防锈漆不均匀或有漏刷处，应刷均匀，漏刷处补好。

3）避雷线不平直、超出允许偏差，调整后应横平竖直，不得超出允许偏差。

4）卡子螺丝松动，应及时将螺丝拧紧。

5）变形缝处未做补偿处理，应补做。漏刷防锈漆处，应及时补刷。

（二）避雷引下线敷设类型

1.避雷引下线暗敷设

首先，将所用扁钢（或圆钢）用手锤等进行调直或抻直。其次，将调直的引下线运到安装地点，按设计要求随建筑物引上，挂好。再次，及时将引下线的下端与接地体焊接好，或与接地卡子连接好。随着建筑物的逐步增高，将引下线埋设于建筑物内至屋顶为止。如需接头则须进行焊接，焊接后应敲掉药皮并刷防锈漆（现浇混凝土除外），并请有关人员进行隐检验收，做好记录。最后，利用主筋（直径不小于16mm）做引下线时，应按设计要求找出全部主筋位置，用油漆标好标记，设计无要求时应于距室外地面0.5m处焊好测试点，随钢筋逐层串联焊接至顶层，焊接出一定长度的引下线，搭接长度不小于100mm，做完后请有关人员进行隐检，做好隐检记录。

2.避雷引下线明敷设

引下线如为扁钢，可放在平板上用手锤调直；如为圆钢最好选用直条，如为盘条则须将圆钢放开，用倒链等进行冷拉直。将调直的引下线搬运到安装地点。自建筑物上方向下逐点固定，直至安装断接卡子处，如需接头或焊接断接卡子，则应进行焊接，焊好后清除药皮，局部调直并刷防锈漆。将引下线地面上2m段套上保护管，卡接固定并刷红白油漆。

用镀锌螺栓将断接卡子与接地体连接牢固。

（三）避雷引下线检查内容

避雷引下线检查的内容主要有以下几点。

（1）检查引下线装设的牢固程度。

（2）检查引下线应无急弯。

（3）检查引下线与接闪器和接地装置的焊接情况、锈蚀情况及近地面的保护设施。

首次检测时应用卷尺测量每相邻两根引下线之间的距离，记录引下线布置的总根数，每根引下线为一个检测点，按顺序编号检测。首次检测时应用游标卡尺测量每根引下线的尺寸规格。

（4）检查引下线上有无附着的其他电气线路。测量引下线与附近其他电气线路的距离，一般不应小于1m。

（5）检查断接卡的设置是否符合标准的要求。

（四）避雷的相关保护措施

1. 避雷线的保护措施

避雷线保护时应采取以下措施：

（1）允许将避雷针直接装在建筑物上，或利用金属屋顶作为接闪器。

（2）应把防雷接地装置与其他接地装置以及自然接地体（金属水管、电缆金属外皮）全部连接在一起，以降低接地电阻和均衡电位，防雷接地装置应围绕建筑物构成闭合回路，其接地电阻不得大于 5Ω。

（3）屋面上的全部避雷针用导线连接起来。其引下线的间距为 15m，应沿建筑物外墙均匀布置。

在每隔 15m 高度处，还应敷设水平的闭合接地环路，将每条引下线在同一标高处连接起来，作为所在高度的设备、管道、构架等金属物的接地线以均衡电位，避免发生闪路。

（4）金属结构物体距引下线不足 1500mm 时，应与引下线就近相连。

（5）避雷针安装的位置距煤气管道的水平距离不应小于 3000mm，并应高出煤气管道 3000mm。

2. 直击雷的保护措施

防止直击雷的保护措施有以下两点：

（1）一般应采用独立避雷针或避雷线保护，接地电阻应小于 10Ω；

（2）避雷针地上部分距建筑物和各种金属物（管道、电缆、构架等）的距离不得小于 3m，避雷针接地装置距地下金属管道、电缆以及与其有联系的其他金属物体的距离均不得小于 3m。

3. 感应雷的保护措施

防止感应雷的措施有以下 5 点。

（1）建筑物为金属结构和钢筋混凝土屋面时，应将所有的金属物体焊接成闭合回路后直接接地。

（2）建筑物屋面为非金属结构时，如有必要应在屋面敷设一个网格不大于 10m 的金属网（一类民用建筑物的金属网格为 5m×5m），再直接接地。

（3）自房屋两端起，每隔 18～24m 设置一根引下线。

（4）接地装置应围绕建筑物构成闭合回路，并应与自然接地体（金属结构物体）全部连在一起，以降低接地电阻和均衡电位。

（5）室内外一切金属设置，包括外墙上设置的金属栏杆、金属门窗、金属管道均应与防止感应雷击的接地装置相连。

1）金属管道的两端及出入口处应接地，其接地电阻值应小于 20Ω。

2）相距小于 100mm 的管道平行时，应每隔 20～30m 用金属线跨接。

3）管道交叉距离小于 100mm 时，不应用金属线跨接。

4）管道各连接处（弯头、阀门、法兰盘等）应用金属线跨接，不允许有开口环路。

（6）感应雷击装置与独立避雷针或架空避雷线系统相互间不得用金属连接，其地下相互间的距离应尽量远，至少不得小于 3m。

八、接地装置的相关内容

（一）接地装置安装

接地装置的安装有以下规定：

（1）接地装置的埋设深度，其顶部不应小于 0.6m，角钢及钢管接地极应垂直配置。

（2）垂直接地极长度不应小于 2.5m，其相互之间的间距如设计无要求，一般不小于 5m。

（3）接地装置埋设位置距建筑物不宜小于 1.5m，遇在垃圾、灰渣等处埋设接地装置时，应换土并分层夯实。

（4）当接地装置必须埋设在距建筑物出入口或人行道小于 3m 时，应采用均压带做法或在接地装置上面 0.2m 处敷设 50～90mm 厚的沥青层，其宽度应超过接地装置 2m。通过人行通道的接地装置的埋深大于 3m 时，可不设沥青层。

（5）接地干线的连接应采用焊接方式，焊接处焊缝应饱满并有足够的机械强度，不得有夹渣、咬肉、裂纹、虚焊、气孔等缺陷，焊接处的皮敲净后，刷沥青做防腐处理。

（6）明敷设接地干线穿墙时，应加套管保护，跨越伸缩缝时，应做搣弯补偿。

（7）接地干线跨越门口时，应暗敷设于地面内（做地面以前埋设好）。

（8）接地干线距地面应不小于 200mm，距墙面应不小于 10mm，支持件应采用 40mm×40mm 的扁钢，尾端应制成燕尾状，入孔宽度与深度各为 50mm，总长度为 70mm，支持件间的水平直线距离一般为 1m，垂直部分为 1.5m，转弯部分为 0.5m。

（9）明敷设接地干线敷设应平直，水平度与垂直度允许偏差 2‰，但全长不超过 10mm。

（10）转弯处接地干线的弯曲半径不得小于扁钢厚度的 2 倍。

（11）全部人工接地装置接地干线支持件等金属钢材一律镀锌，铜材应做刷锡处理。

（二）接地干线施工

接地干线施工包括室内接地干线和自接地装置至室内接地干线的施工。

接地干线应在不同的两点以上接地网相连接。明敷接地线的安装应符合下列要求。

（1）便于检查。

（2）敷设位置不应妨碍设备的拆卸与检修。

（3）支持件间的距离，在水平直线部分宜为 0.5～1.5m；垂直部分宜为 1.5～3m；转弯部分宜为 0.3～0.5m。

（4）接地线应横平竖直，亦可与倾斜结构的建筑物平行敷设；在直线段，接地线不应高低起伏或弯曲。

（5）接地线沿墙水平安装时，离地面距离宜为 250～300mm；接地线与墙壁间间隙宜为 10～15mm。

（6）跨越伸缩沉降缝处时，接地线应弯成圆弧状，以便于伸缩。

（三）自然基础接地体安装

（1）利用无防水底板钢筋或深基础做接地极。按设计图纸尺寸、位置要求，标好位置，将底板钢筋搭接焊好。再将柱主筋（不少于两根）底部与底板钢筋搭接焊好，并在室外地面以下，将主筋与接地连接板焊接好，清除药皮，将两根主筋用色漆记好标记以便引出和检查。应及时请质检部门进行隐检，同时做好隐检记录。

（2）利用柱形桩基及平台钢筋做接地极。按设计图纸尺寸位置要求，找好桩基组数位置，把每组桩基四角钢筋搭接封焊，再与柱主筋（不少于两根）搭焊接好，清除药皮，并将两根主筋用色漆记好标记以便引出和检查。应及时请质检部门进行隐检，同时做好隐检记录。

（四）电气装置的相关内容

1. 电气装置的接地原理

电气装置的接地是通过导线或金属材料，使需要接地的设备或器材外壳与接地网之间形成可靠的导体连接通路。电气装置的接零是要在被接地（零）设备或器材外壳与变压器中性线之间，形成可靠的导体连接通路。形成接地通路或接零通路的导体常称为接地线。如上所述，接地线可以用扁钢或圆钢材料专门敷设，或者专门引入接地用导线，也可以借助钢管或建筑钢筋等作为接地线。根据施工现场特点，接地或接零通路也可以将上述材料混用。用钢管做接地线时，管箍连接处、接线盒两端、配电箱两端的钢管都必须用不小于规定规格的圆钢进行跨接焊接，焊接长度应 ≥ 30mm。

电气设备底座、支架、吊架等的接地一般用不小于规定规格的扁钢或圆钢进行连接，支架、吊架采用焊接方式，设备底座允许采用焊接方式时，宜焊接连接。如果底座材料与扁钢或圆钢不适宜焊接时，可以用螺丝压接在底座上。电气盘、柜的接地，用不小于规定规格的扁钢或圆钢将盘、柜基础底座与接地网焊接连接外。在门铰链两侧采用螺丝压接，两端导线应予固定，使线头压接处不受外力。在变配电室内，沿墙均明敷有接地干线（按图纸施工），高压柜、低压柜及变压器的基础底座或变压器轨道基础的接地，应自接地干线沿地面垫层敷设，应分别引入两条接地支线。

2. 电气装置的接地原因

当带电设备带电后，如果因某种原因造成下列状况之一时，带电设备的金属外壳将可能带电。

（1）导线绝缘破坏，使不该带电的金属外壳带电。

（2）导线接线线头脱落，碰到不应带电的金属外壳上，使外壳带电。

（3）高压载流导线或高压设备带电后，使周围的不应带电的金属体处于高压导线或高压设备所产生的强电场中，使金属外壳因静电感应而带电。

如果不应带电的金属外壳带电，而金属外壳没有接地措施时，一旦被人触及，将会发生触电事故。

3. 电气装置的接地规定

（1）应予接地或接零的金属部分。

1）电机、变压器、电器、携带式或移动式用电器具等的金属底座和外壳。

2）电气设备的传动装置。

3）屋内外配电装置的金属或钢筋混凝土构架以及靠近带电部分的金属遮栏和金属门。

4）配电、控制、保护用的屏（柜、箱）及操作台等的金属框架和底座。

5）交流、直流电力电缆的接头盒、终端头和膨胀器的金属外壳和电缆的金属护层，可触及的电缆金属保护管和穿线的钢管。

6）电缆桥架、支架和井架。

7）装有避雷线的电力线路杆塔。

8）装在配电线路杆上的电力设备。

9）在非沥青地面的居民区内，无避雷线的小接地电流架空线路的金属杆塔和钢筋混凝土杆塔。

10）电除尘器的构架。

11）封闭母线的外壳及其他裸露的金属部分。

12）SF6 封闭式组合电器和箱式变电站的金属箱体。

13）电热设备的金属外壳。

（2）可以不接地或不接零的金属部分。

1）在木质、沥青等不良导电地面的干燥房间内，对于交流额定电压为 380V 以下的电气设备外壳，或者直流额定电压为 440V 以下的电气设备外壳，如不可能同时触及这些设备的外壳和其他接地物体（或设备）时，这些设备的外壳可以不接地或不接零。原因是当上述设备外壳带电时，如果不同时接触带电外壳和其他接地物体时，由于地面也不导电，通过人体不可能形成导电通路，电流不流过人体，因此对人体无害。

2）在干燥场所，交流额定电压为 127V 以下或直流额定电压为 110V 以下的电气设备的外壳，可以不接地或不接零。

3）安装配电屏、控制屏和配电装置的电气测量仪表、继电器和其他低压电器等的外壳，以及当发生绝缘损坏时，在支持物上不会引起危险电压的绝缘子金属底座等，可不接地或不接零。

4）安装在金属构架上的设备，如果金属构架已经接地，那么设备外壳可不接地或不接零。

5）额定电压为 220V 以下的蓄电池室内的金属支架，可不接地或不接零。

6）与已接地的机床、机座之间有可靠电气接触的电动机和电器的外壳，可不接地或不接零。

（3）接地装置材料及规格。

1）接地装置宜采用钢材，导体截面不应小于规定的规格。

2）用铜或铝导体做低压电气设备的接地线时，最小截面应符合规定的规格。

3）交流电气设备的接地线可利用下列金属材料：

建筑物的金属结构（如金属梁、柱等）及设计规定的钢筋混凝土结构内部的钢筋等，可以作为接地线使用。

配电装置的外壳以及金属结构，可以作为接地线使用。配线用的钢管可以作为接地线使用。

（五）接地电阻的相关测试

接地装置的接地电阻是接地体对地电阻和接地线电阻的总和。接地电阻的数值等于接地装置对地电压与通过接地体流入地中电流的比值。

（1）绝缘电阻表测试。使用电位计型接地电阻测量仪测量接地电阻的原理：手摇发电机以大约 120r/min 的转速转动手柄，产生 110～115Hz 的交流电，沿被测接地体、大地和电流极流动，与此同时，调节粗、细旋钮，逐步使电位计上的电压与被测电压平衡，指针指零。于是，由电位计旋钮位置即可直接读出被测的接地电阻值。

传统的接地电阻测量仪有 ZC-8 型、ZC-29 型 2 种。在接地电阻测试前，要先拧开接地线或防雷接地引下线断接卡子的紧固螺栓。

使用接地电阻测量仪时，沿被测接地体 E′，将电位探测针 P′ 和电流探测针 C′，依直线彼此相距 20m 插入地下，电位探测针 P′ 插在接地体 E′ 和电流探测针 C′ 之间。用专用导线将 E′、P′ 和 C′ 连在仪表相应的端钮上。

将仪表水平放置，检查检流计的指针是否指于中心线上，否则可用零位调整器将其调到指针中心线。将"倍率标度"置于最大倍数，慢慢地转动发电机的摇把，同时旋动"测量标度盘"，使检流计的指针指于中心线。当检流计的指针接近平衡时，加快发电机摇把的转速，使其达到 120r/min 以上，调整"测量标度盘"使指针指于中心线上。如"测量标度盘"的读数小于 1 时，应将"倍率标度"置于较小的倍数，再重新调整"测量标度盘"以得到正确读数。用"测量标度盘"的读数乘以"倍率标度"的倍数，即为所测的接地电阻值。

用所测的接地电阻值，乘以季节系数，所得结果即为实测接地电阻值。

（2）钳式接地电阻测试仪测试。测量接地电阻的新方法——非接触测量法。使用的测量仪器为钳形接地电阻测试仪，由绕在仪器钳口内的发生器线圈及绕在钳口内的接收线圈组成，两线圈之间具有良好的电磁屏蔽。测量时钳口闭合，只须将钳口夹住被测接地电阻的引线就可立即测得被测接地电阻值，而且由于不必断开接地线即可测量，所以所测值准确反映了设备运行情况下的接地状况。

第二节　园林景观照明与电气材料的识别

一、园林景观照明

（一）园林景观照明的分类

园林景观照明大致可分为重点照明、工作照明、环境照明和安全照明等类型。

1. 重点照明

重点照明是为强调某些特定目标而采用的定向照明。为让园林充满艺术韵味，在夜晚可以用灯光强调某些要素或细部。即选择定向灯具将光线对准目标，使某些景物打上适当强度的光线，而让其他部位隐藏在弱光或暗色之中，从而突出意欲表达的部分，以产生特殊的景观效果。重点照明须注意灯具的位置，使用遮光罩或小型的便于隐藏的灯具可减少眩光，同时还能将许多难于照亮的地方显现在灯光之下，从而产生意想不到的效果。

2. 环境照明

环境照明体现着 2 方面的含义：①作为相对于重点照明的背景光线；②作为工作照明的补充光线。它不是专为某一景物或某一活动而设，主要提供一些必要亮度的附加光线，以便让人们感受到或看清周围的事物。环境照明的光线应该是柔和的，弥漫在整个空间，具有浪漫的情调。所以通常应消除特定的光源点，可以利用诸如将灯光投向均质墙面所产生的均匀、柔和的反射光线，也可采用地灯、光纤、霓虹灯等，形成一种充斥某一特定区域的散射光线。

3. 工作照明

游园、观景的主体是游客。为方便人们的夜间活动，需要充足的光线。工作照明就是为特定的活动所设。工作照明要求所提供的光线应该无眩光、无阴影，以便使活动不受夜色的影响。并且要注意对光源的控制，即在需要时能够很容易地被启闭，这不仅可以节约能源，更重要的是可以在无人活动时恢复场地的幽邃和静谧。

4. 安全照明

为确保夜间游园、观景的安全，需要在广场、园路、水边、台阶等处设置灯光，让人能够清晰地看清周围的高差障碍；在墙角、屋隅、丛树之下布置适当的照明，可给人以安全感。安全照明的光线一般要求连续、均匀，并有一定的亮度。照明可以是独立的光源，也可以与其他照明结合使用，但需要注意相互之间不产生干扰。

照明被分为天然照明和人工照明。天然照明是指依靠日光的照明；人工照明是指依靠人工光源的照明。人工照明具有光线稳定、易于控制、能够调节等特点。

(1) 照明方式。照明方式是指照明设备按其安装部位或使用功能而构成的基本制式。照明方式按照其照明器的布置特点和所得照明效果，可分为以下 3 种。

1) 一般照明。一般照明是指在设计场所 (如景点、园区) 内不考虑局部的特殊需要，为照明整个场所而设置的照明。一般照明的照明器均匀或均匀且对称地分布在被照明场所的上方，因而可以获得必需的、较为均匀的照度。如公园内道路两侧均匀布置的庭院灯。

2) 局部照明。局部照明是为了满足景区内某些景点、景物的特殊需要而设置的照明。如景点中某个场所或景物需要有较高的照度并对照射方向有所要求时，宜采用局部照明。局部照明具有高亮点的特性，容易形成被照明物与周围环境呈亮度对比明显的视觉效果，如雕塑前设置的射灯。

3) 混合照明。混合照明是一般照明和局部照明共同组成的照明方式，即在一般照明的基础上，对某些有特殊要求的点实行局部照明，以满足景观设施的要求。

(2) 照明质量。良好的视觉效果不仅是要有充足的光通量，还需要有一定的光照质量要求。

1) 合理的照度。照度是决定被照物体明亮程度的间接指标。在一定范围内，照度增加，视觉反应能力也相应提高。不同场景、不同性质的活动，需要相应的照度。

2) 照明的均匀度。对于单独采用一般照明场所，表面亮度与照度是密切相关的，在视野内照度的不均匀容易引起视觉疲劳。游人置身于园林中，如果有彼此亮度不相同的表面，当视觉从一个面转到另一个面时眼睛就有一个被迫适应的过程。当适应过程不断反复时，就会导致视觉疲劳。

所以，在设计园林照明时，除了满足景色的置景要求外，还要注意周围环境的照度与亮度的分布，力求均匀。

3）阴影控制。定向的光照射到物体上就会形成阴影和产生反射光，这种现象称为阴影效应。不良的阴影效应可能构成视觉障碍，产生不良的视觉观赏效果；良好的阴影效应可以把景物的造型和材质完美地表现出来。阴影效应与光的强弱、光线的投射方向、观察者的视线位置和方向等因素有关。

4）限制暗光。由于亮度分布不均匀或亮度变化幅度过大，在空间和时间上存在极端的亮度对比，引起不舒服或降低观察物体的能力，这种现象称为眩光。严重的眩光可以使人眩晕，甚至引发事故。为了防止眩光产生，常采用的方法为：①注意照明灯具的最低设置高度；②力求使照明灯源来自优越方向；③使用发光表面积大、亮度低的灯具。

（3）电光源。照明用的电光源按发光原理的不同分为热辐射发光光源和气体放电发光光源两大类。

热辐射光源是利用金属灯丝通电加热到白炽状态而辐射发光的，例如白炽灯和卤钨灯。这类光源的优点主要为：显色性好、可即开即关、可使用于较低电压的电源上、可以调光、品种规格多等。

气体放电光源是利用气体放电辐射发光原理制造的光源，例如高压汞灯、氙灯、荧光灯等。气体放电光源的优点主要为：灯效高、寿命长、品种多、特色明显与多样。

（4）光源选择。园林景观照明中，由于照明对象复杂，差异性很大，因此对电源的要求也不相同。

一般情况下，常采用白炽灯、荧光灯或气体放电光源。对于震动较大的场所，宜采用荧光汞灯或高压钠灯。在有高挂条件又需要大面积照明的场所，易用金属卤化物灯、高压钠灯或长弧氙灯。当采用人工照明与天然照明相结合时，应使照明光源与天然光明相协调，常选用色温在 4000～5000K 的荧光灯或其他气体放电光源。

不同的光源，具有不同的色调。不同色调的光源在照射有色景物时会形成相应的不同色彩。这些不同的色相色彩，就会使游人产生不同的心理感受。所以，在选择光源时，还应结合置景要求，充分考虑光源的色调色相情况。

（5）园林灯具。灯具的作用是固定光源，把光源发出的光通量分配到设计的区域和地方，防止光源引起的眩光以及保护光源不受外力及外界潮气影响等。在园林中灯具除了满足照明功能需求外，还应考虑灯具的外形、安装维护等因素。

1）灯具按结构功能不同可以分为开启式、保护式、防水式、密封式及防爆式等。

2）灯具按光通量在空间中上、下半球的分布情况，可分为直射型灯具、半射型灯具、漫射型灯具、半反射型灯具、反射型灯具等。而直射型灯具又分为光照型、均匀配光型、配射型、深照型和特深照型 5 种灯具。

（二）园林景观电气材料名词

（1）光通量：代表光源的发光能力，指的是单位时间内光源发出的光量，单位是流明（lm）。如黄绿光单色光源辐射功率是 1W 时，发出的光通量是 680lm。

（2）光强：代表了光通量的空间分布，是光源在给定方向的单位立体角中发射的光通量的空间密度，称为光源在这一方向上的发光强度，用 I 表示，单位是坎德拉（cd）。

（3）照度：代表被照面接受的光通量密度，对于被照面来说，照度即为落在其单位面积上的光通量，用 E 表示，单位勒克斯（lx）。1lx 表示 1lm 的光通量均匀分布在 1m² 的背照面上。如在 40W 白炽灯的台灯下看书，桌面上的平均照度为 200 ～ 300lx。

（4）亮度：代表被照物体的明亮程度，指的是发光体在视线方向单位投影面积上的发光强度，用 I 表示，单位是 cd/m²。

（5）高杆灯：主要应用于大面积场所的水平照明，高度为 15 ～ 50m，由顶部、灯杆及底部组成。用高杆将光源抬升至一定高度，可使照射范围扩大，以照全广场、路面或草坪。由于光源距得较远，使光线呈现出静谧、柔和的气氛。过去光源常用高压汞灯，目前为高效、节能，广泛采用钠灯。

（6）路灯：高度为 6 ～ 9m，主要用于城市主干道行车道照明的灯具。

（7）庭院灯：高度为 3 ～ 5m，主要用于景观游路沿线的照明。

（8）低位灯具：高度在 1.2m 以下，主要用于景观照明中，包括草坪灯、护栏灯、地埋灯、低位投射灯、水下灯及空间定位灯。低照明器主要用于园路两旁、墙垣之侧或假山岩洞等处，能渲染出特殊的灯光效果。

（9）LED 灯：用于装饰照明，在建筑物或构筑物外轮廓边缘镶嵌，以在夜晚体现其轮廓景观。

（10）地埋灯：常埋置于地面以下，外壳由金属构成，内用反射型灯泡，上面装隔热玻璃。地埋灯主要用于广场地面，为创造一些特殊的效果，也被用于建筑、小品、植物的照明。

（11）嵌墙灯：由灯体、预埋件、光源 3 部分组成，适用于走廊、通道、阶梯等的照明。

（12）草坪灯：高度在 1.2m 以下，为草坪或原路提供照明的灯具。

（13）水下照明彩灯：主要由金属外壳、转臂、立柱以及橡胶密封圈、耐热彩色玻璃、封闭反射型灯泡、水下电缆等组成。颜色有红、黄、绿、琥珀、蓝、紫等颜色，可安装于水下 30 ～ 1000mm 处，是水景照明和彩色喷泉的重要组成部分。

（14）太阳能灯：是将太阳能转化为电能的一种灯具。

（15）导线：工业上也称为"电线"，一般由铜或铝制成，也有用银线所制（导电、热性好），用来疏导电流或者是导热。

（16）电缆：通常是由几根或几组导线每组至少两根绞合而成的类似绳索的线缆，每组导线之间相互绝缘，并常围绕着一根中心扭成，整个外面包有高度绝缘的覆盖层。电缆具有内通电、外绝缘的特征。

（17）配电柜（箱）：分动力配电柜（箱）和照明配电柜（箱）、计量柜（箱），是配电系统的末级设备。配电柜是电动机控制中心的统称。

（18）投光灯：可以将光线由一个方向投射到需要照明的物体，如建筑、雕塑、树木之上，能产生欢快、愉悦的气氛。投射光源可用一般的白炽灯或高强放电灯，为免游人受直射光线的影响，应在光源上加装挡板或百叶板，并将灯具隐蔽起来。使用一组小型投光器，并通过精确的调整，使之形成柔和、均匀的背景光线，可勾勒出景物的外形轮廓，就成了轮廓投光灯。

（19）脚灯：镶嵌安装在垂直界面与地面交接位置的灯具，在景观照明中，广泛用于有竖向高差之处，例如下沉广场的台阶两侧、景观桥的竖向联系台阶或照度不够的交通区域。

（三）灯具在园林照明中的应用

在园林景观照明中常用的灯具，根据使用功能与安装的部位不同，常有以下 2 种。

（1）门灯。庭园出入口与园林建筑的门上安装的灯具称为门灯，还包括在矮墙上安装的灯具。门灯可以细分为门顶灯、门壁灯和门前灯等数种。

门顶灯竖立在门框或门柱顶上，可以营造出高大雄伟的气势。门壁灯采用半嵌入方式安装在门框或门柱上，能增强出入口的华丽装饰效果。门前灯依靠灯柱灯座设置于正门的两侧或一侧，高为 2～4m，其造型须十分讲究，能给人留下难忘的印象。

（2）庭园灯。庭园灯置于庭园、公园及大型建筑的周围，既是照明器材，又是一种园林艺术欣赏品。根据设置的环境景物不同，相应的庭园灯的形状、性能也各不相同。

1）园林小径灯。园林小径灯立在庭园小径边，或埋于小径路面底下，灯具的功率一般不大，灯光柔和，使庭园显得幽静舒适。

2）草坪灯。草坪灯设置于草坪边或草坪内，设置高度不宜高，一般为 400～700mm，灯罩为透明或乳白色玻璃，灯杆、灯座为黑色或其他深色，以显得大方与美观。

3）水池灯。水池灯具有良好的防水性能。灯具的光源一般选用卤钨灯，这是因为卤钨灯的光波呈连续性，光照效果好，尤其是光经过水的折射会产生色彩艳丽的光线，形成五彩缤纷的光色。

4）道路灯具。道路灯具主要服务道路，做照明与美化道路之用。根据灯具的侧重性不同分为功能性道路灯具和装饰性道路灯具两类。

功能性道路灯具具有良好的配光,使光源发出的大部分光能比较均匀地投射在道路上。装饰性道路灯具不强调配光,主要依外表的造型来点缀环境,强调灯具的造型,配置时应使其风格与周围环境情况相匹配。

5)广场照明灯具。广场照明灯具是一种大功率的投光灯灯具,装有镜面抛光的反光罩,采用高强度气体电光源,因而光效强、照射面大。这类灯具配有有触发器的镇流器。灯管的启动电压很高,因此灯具电气部分的绝缘性能要求高,安装时应特别注意这一特点。

6)霓虹灯具。霓虹灯是一种低气压冷阴极辉光放电灯。霓虹灯具的工作电压与启动电压都比较高,启动时电箱内电压高达数千伏,故必须注意相应的安全问题。

霓虹灯的寿命长、能瞬间启动、光输出可以调节、灯管可做成文字图案等各种形状,配上相应的控制电路,可以使各部分的灯管时亮时熄,形成不断更换闪耀的彩色灯光景致效果。但是,霓虹灯的电耗较大、发光效率低。

7)激光。激光的英文名称 LASER(Light Amplification by Stimulated Emission of Radiation)是英文单词头一个字母组成的缩写词,意思是"受激辐射的光放大"。这是基于爱因斯坦提出的一套理论,认为在某种状态下,可出现一个弱光激发出一个强光的现象。

激光器是激光表演的基本设备。总体来说,演示用的激光器可以分为三类:低功率的氦氖激光器(红)、中高功率的氩激光器(蓝、绿)及混合氩氪气体的激光器(红、黄、蓝、绿)。

激光的物理特性则决定了激光的高亮度、较好的成形效果以及鲜艳的颜色等其他常规灯光所无法比拟的优势。

(四)园林景观照明的运用形式

为突出不同位置的园景特征,灯光的使用也要有所区别。园林绿地中景观照明的形式按运用大致可分为场地照明、道路照明、植物照明、水景照明、标识照明、构筑物照明、雕塑小品照明等。

1. 场地照明

园林中的各类广场是人流聚集的场所,灯光的设置应考虑人的活动特征。大多采用向下照明方式,主要通过各种灯具的光线、光色和灯具选型来表现和烘托景观照明效果。所以,可用高杆灯布置在场地中线两侧,可以使场地内光线充足,也可用投光灯分别设在场地四角附近建筑物或棚架顶上对场地进行投光照明;也可以在场地上设置造型新颖别致的柱灯、庭院灯和埋地灯;花坛内可设置草坪灯,台阶侧面可设置嵌入式壁灯等方式,以便于人们的活动。若广场范围较大,场地内又不希望有灯杆的阻碍,则可根据照明的要求和所设计的灯光艺术特色,布置适当数量的地灯作为补充。场地照明通常依据工作照明或安全照明的要求来设置,在有特殊活动要求的广场上还应布置一些聚光灯之类的光源,以便在举行活动时使用。

2. 道路照明

园林道路具有多种类型，不同的园路对于灯光的要求也并不尽相似。道路照明应根据道路的宽度和功能确定，作为主干道且道路较宽时可考虑使用路灯或庭院灯，使用路灯时一般灯杆间距可按 25～35m 设置；使用庭院灯时，灯杆间距可按 15～25m，灯杆高度为 3.5～4m。作为宅间路，步行路、林间小路等道路较窄时可考虑使用庭院灯或草坪灯，草坪灯间距为 (3.0～5.0) H（H 为草坪灯距地安装高度）。草坪灯的设置应避免直射光进入人的视野。

3. 植物照明

在概念上，植物照明与其他元素的照明不同，因为光线不仅是植物生长的要素，而且是创造视觉效果的要素。所以，照明设计应该包含着对植物的关爱与理解。"植物照明是设施农业发展阶段的必然需求，也是解决设施植物生产中植物需光和供光矛盾的必要方法，植物照明不仅有效缓解此矛盾，还可有效地提升植物生产力。"[①]

在园林夜景的构成中，植物扮演着重要的角色：植物之美是动态的，它传递着生老病死的情感；植物之美是具有周期性的，随着季节的变化而不断地变化；植物之美是因人而异的，为欣赏留有足够的空间。

植物学影响着照明技术。对于处于焦点位置的树来说，应使照明装置环绕布置，创造出层次来。具有 1.5～4.5m 宽成熟树冠的小树，应至少 3 支灯具；具有 4.5～15m 宽树冠的树木应至少 5～10 支灯具或者更多，这取决于树木成熟时的尺寸及形状。若一棵树的功能是过渡元素或者背景元素时，灯具的数量应少一些，创造一种掩饰的、保守的，但又可令人印象深刻的效果。当使用少量灯具时，树的视觉形象是很容易被破坏的。浓密的灌木一般也作为次要的焦点或者两株大型植物之间的过渡植物，在设置照明装置时，应离开这些植物至少 60～90cm，创造柔和均匀的光线。

若强调一棵树的照明时，一般需要照明树干；若植物被重叠浓密的树叶覆盖，照明装置应安装在树冠以外，对树叶进行泛光照明，强调树形，但弱化纹理；若将照明装置设置于树冠底部时，则将创造出一种只有底部被照亮的效果，因为光线无法穿透树冠。

成熟植物的形状显著地影响着照明技术的采用。窄高的、直立的及稠密树干的植物，若要通过切向光照射，使其纹理及形状给人留下某种印象时，则照明装置应接近树的边缘，展现树的粗糙纹理。直立形状的树要求光线直达树顶，特别是高大的棕榈树，应使用窄光束光源照明。针对不同的树形提出适宜的照明技术。

4. 水景照明

水是生命之源，是园林景观不可缺少的元素。园林景观中的水景，不但可以控制视距，而且可以映景，给园林增添活力。在园林景点中，不论是动态水景还是静态水景，均是园

---

① 刘晓英等：《植物照明的研究和应用现状及发展策略》，载《照明工程学报》2013 年第 24 卷第 04 期，第 1～7 页。

林照明的重要对象。

水景照明包括喷泉照明、喷水池照明、人造瀑布照明、水幕帘照明等。

(1) 喷泉照明。

1) 照明度的要求：①喷泉顶部的照度，若周围环境比较亮时，喷泉的照度可选择100、150、200（lx），比较暗时，则可选择50、75、100（lx）；②光源通常选择可以调光的灯，若喷泉较高时，则可以采用高压汞灯或金属卤化物灯，颜色首选红、蓝、黄三原色，其次使用绿色；③若喷水用照明采用彩色照明时，由于彩色滤光片的投射系数不同，要获得同等的效果，须使各种颜色光的电功率的比例保持在规定的水平；④为了使喷水的形态有所变化，可以采用与背景音乐结合而形成"声控喷水"方式或者"时控喷水"方式；⑤喷水所用照明配电，应采用漏电保护装置或者其他安全措施。

2) 喷泉灯具。有以下要求：①喷泉照明的灯具通常安装在水下30～100mm，在水上安装时，须选取不会产生眩光的位置；②灯具选用简易型灯具及密闭型灯具；③12V 灯具适用于游泳池，而220V 灯具适用于喷水池。

充满气泡的水体要从下部照亮，光滑水体要从前部照亮。需要确保喷泉的照明效果从所有方向都是可见的。若单独的喷射口用于创新垂直向上的构图时，则应最少使用2支灯具。若更多的喷泉口用于产生水柱时，则每个喷头下面应至少需要1支灯具。

喷泉照明设备一定要防水并得到水下安装许可。使用光学纤维或者照明传送系统的情况除外，这种技术是把电气照明设备与水自然分开，故不需要防水。不安装在水中的设备可安装在树上、附近的建筑物上、喷泉周围的地面上，或者安装在喷泉的构筑物上，注意经常维护及检查。

(2) 喷水池照明。喷水池照明可采用在水下的投光灯将喷水水头照亮。

(3) 人造瀑布照明。人造瀑布照明灯具一般装在水流下落处的底部。

(4) 水幕帘照明。水幕帘照明的灯具一般也装在水流下落处的底部。

5. 标识照明

标识可提供关于园林使用的信息，指导步行者或者车辆交通，指引空间。标识在形式上及外观上较为丰富，在设计上具有很大自由度。标识照明的样式可以反映园林的品质，其3个基本类型包括发光字母、发光背景及外部照明。动态照明的标识能够很快吸引人们注意，但是用于高品质园林并不合适。

标识被看见的方式及环境光的水平影响了照明水平的选择。标识牌的反射特性指导着光源功率的选择。照明装置材料的类型和质量影响安装的方式。其结构及构造技术需要确保防护性能，且提供维修的通路。当很难进行维护时，则应选择长寿命的光源。

6. 构筑物照明

园林景观构筑物种类有凉亭、架子、花房、露台、小桥、门、围墙。构筑物照明亦称特殊景观元素照明，是以灯光重塑构筑物（特殊景观元素）夜间景观的照明。鉴于构筑物是因特定目的而建造，通常人们不在其内生产或者生活，构筑物的夜景照明除了考虑构筑物功能要求外，更要注意构筑物形态，以及和周围环境协调的要求。

构筑物的使用方式以及其在整个景观中的视觉重要性决定了构筑物的照明方式。有功能的构筑物应附加任务照明、安全照明，同时确保艺术效果。若对花房或温室等玻璃构筑物进行照明时，可使用雕塑的照明技术。

应将构筑物与环境联系起来，考虑构筑物与环境之间的亮度对比，高亮度对比创造了视觉兴奋，低亮度对比适用于视觉放松。构筑物可提供防止照亮周围小路、雕塑、植物、休息区的灯具的位置。可以考虑到所有将照明设备（包括灯具、接线盒、镇流器、变压器、感光探头、时间控制器、移动探测器等）隐藏起来的技术细节，应将清晰的设备图纸提供给景观设计师。因为包括机械、灌洗、消防、音响、喷泉等在内的其他的设计人员的要求应在同一空间内解决安装，正确地获取并集合信息是非常重要的。

若灯具作为构筑物的装饰性元素以平衡尺度及风格。不但要考虑灯具在受光表面创造的光与影的构图，还要考虑白天的视觉效果。

建筑一般在园林中具有主导地位，为使园林建筑优美的造型能呈现在夜空之中，过去主要采用聚光灯和探照灯，如今已普遍使用泛光照明。若为了突出和显示其特殊的外形轮廓，而弱化本身的细节，通常以霓虹灯或成串的白炽灯安设于建筑的棱边，构成建筑轮廓灯，也可以用经过精确调整光线的轮廓投光灯，将需要表现的形体仅仅用光勾勒出轮廓，使其余部分保持在暗色状态中，并与后面背景分开，这对于烘托气氛具有显著的效果。建筑内的照明除使用一般的灯具外，还可选用传统的宫灯、灯笼，如在古典园林中，现代灯饰的造型可能与景观不能很好地协调，则更应选择具有美观造型的传统灯具。

7. 雕塑小品照明

雕塑小品的照明多采用侧光、投光和泛光，所需灯的数量和布灯的位置应视被照物的形式而定，其照明目的是把雕塑小品照亮，但不要求均匀，依靠光影以及亮度的差别，把雕塑小品的形和体充分显示出来。

二、电气材料的识别

（一）电缆

1. 电缆种类

电缆有电力电缆、控制电缆、补偿电缆、屏蔽电缆、高温电缆、计算机电缆、信号电缆、同轴电缆、耐火电缆、船用电缆、矿用电缆、铝合金电缆等等。它们都是由单股或多股导线和绝缘层组成，用来连接电路、电器等。

2. 电缆型号

（1）组成与顺序。

电缆的型号组成与顺序如下 1：类别、用途；2：导体；3：绝缘；4：内护层；5：结构特征；6：外护层或派生；7：使用特征。1～5 项和第 7 项用拼音字母表示，高分子材料用英文名的第一位字母表示，每项可以是 1～2 个字母；第 6 项是 1～3 个数字。

（2）常用代码。

用途代码：不标为电力电缆，K——控制缆，P——信号缆。

导体材料代码：不标为铜（也可以标为 CU），L——铝。

内护层代码：Q——铅包，L——铝包，H——橡套，V——聚氯乙烯护套，内护层一般不标识；外护层代码：V——聚氯乙烯，Y——聚乙烯电力电缆。

派生代码：D——不滴流，P——干绝缘。

特殊产品代码：TH——湿热带，TA——干热带，ZRi 阻燃，NH——耐火，WDZ——低烟无卤（企业标准）。

（3）省略原则。型号中的省略原则：电线电缆产品中铜是主要使用的导体材料，故铜芯代号可省写，但裸电线及裸导体制品除外。裸电线及裸导体制品类、电力电缆类、电磁线类产品不标明大类代号，电气装备用电线电缆类和通信电缆类也不列明，但列明小类或系列代号等。

3. 电缆具体含义

（1）SYV：实心聚乙烯绝缘射频同轴电缆。

（2）SYWV（Y）：物理发泡聚乙绝缘有线电视系统电缆，视频（射频）同轴电缆（SYV、SYWV、SYFV）适用于闭路监控及有线电视工程。SYWV（Y）、SYKV 有线电视、宽带网专用电缆结构：（同轴电缆）单根无氧圆铜线＋物理发泡聚乙烯（绝缘）＋（锡丝＋铝）＋聚氯乙烯（聚乙烯）。

（3）信号控制电缆（RVV 护套线、RVVP 屏蔽线）适用于楼宇对讲、防盗报警、消防、自动抄表等工程。RVVP：铜芯聚氯乙烯绝缘屏蔽聚氯乙烯护套软电缆，电压 250V/300V，2～24 芯，变频器专用电缆。用途：仪器、仪表、对讲、监控、控制安装。

（4）RG：物理发泡聚乙烯绝缘接入网电缆。用于同轴光纤混合网（HFC）中传输数据模拟信号。

（5）KVVP：聚氯乙烯护套编织屏蔽电缆。用途：电器、仪表、配电装置的信号传输、控制、测量。

（6）RVV（227IEC52/53）：聚氯乙烯绝缘软电缆。用途：家用电器、小型电动工具、仪表及动力照明。

（7）AVVR：聚氯乙烯护套安装用软电缆。

（8）SBVV：HYA数据通信电缆（室内外）。用于电话通信及无线电设备的连接以及电话配线网的分线盒接线用。

（9）RV、RVP：聚氯乙烯绝缘电缆。

（10）RVS、RVB：铜芯聚氯乙烯绝缘绞型连接用软电缆。适用于家用电器、小型电动工具、仪器、仪表及动力照明连接用电缆。

（11）BV、BVR：聚氯乙烯绝缘电缆。用途：适用于电器仪表设备及动力照明固定布线。

（12）RIB：音箱连接线（发烧线）。

（13）KVV：聚氯乙烯绝缘控制电缆。用途：电器、仪表、配电装置信号传输、控制、测量。

（14）SFTP：双绞线。用途：传输电话、数据及信息。

（15）U12464：电脑连接线。

（16）VGA：显示器线。

（17）SYV：同轴电缆。用途：无线通信、广播、监控系统工程和有关电子设备中传输射频信号（含综合用同轴电缆）。

（18）SDFAVP、SDFAVVP、SYFPY：同轴电缆，电梯专用。

（19）JVPV、JVPVP、JVVP：铜芯聚氯乙烯绝缘及护套铜丝，编织电子计算机控制电缆。

（二）照明配电箱

照明配电箱设备是在低压供电系统末端负责完成电能控制、保护、转换和分配的设备。它主要由电线、元器件（包括隔离开关、断路器等）及箱体等组成。

1. 订货要求

产品订货时，应提供下列文件：

（1）一次系统图。

（2）配电箱的平面排列图。

（3）各箱内设备明细表（包括型号、规格、数量）。

（4）与正常使用条件不符的特殊要求。

2. 技术条件

（1）正常使用条件。

1）周围空气温度不得超过40℃，而且在24h内其平均温度不得超过35℃。周围空

气温度的下限为 -5℃。

2）大气条件：空气清洁，在最高温度 40℃时，其相对湿度不得超过 50%。在较低温度时，允许有较大的相对湿度。例如：20℃时相对湿度为 90%。但应考虑到由于温度的变化，有可能会偶然地产生适度的凝露。

3）海拔高度不超过 2000m。

4）污染等级为三级。

（2）电气参数。

1）额定工作电压主电路：220V，380V。

2）额定电流。额定电流：40 ～ 125A。

（3）箱架结构。设备的箱架可采用焊接方式或由螺钉组装连接而成。箱架和外壳应有足够机械强度和刚度，应能承受所安装元件及短路时所产生的机械应力和热应力，并应考虑防止构成足以引起较大涡流损耗的磁性通路。同时不因设备的吊装、运输等情况而影响设备的性能。为了确保防腐蚀，设备应采用防腐蚀材料或在裸露的表面涂上防腐蚀层，同时还要考虑使用及维修条件。

（三）常用园林灯具

（1）高杆灯。由灯杆、灯盘、升降系统、照明电气系统、防雷系统基础预埋件组成。

（2）路灯。由灯具、电器、光源、灯杆、灯臂、法兰盘、基础预埋件组成；路灯的安装方式有托架式、高挑式、直杆式、悬索式和吸壁式等。

（3）庭院灯。由光源、灯具、灯杆、法兰盘、基础预埋件 5 部分组成；分欧式、现代、古典 3 种形式。

（4）草坪灯。由光源、灯具、基础组成；分为欧式草坪灯、现代草坪灯、古典草坪灯、防盗草坪灯、景观草坪灯、LED 草坪灯 6 大类。

（5）射灯。LED 射灯主要由外壳、灯珠、铝基板、驱动构成。

（6）地埋灯。地埋灯色彩有红、黄、蓝、绿、白、紫，色彩渐变、跳变等多种梦幻色彩组合，具有色彩绚丽、魅力四射的灯光效果。

（7）水景灯。水景灯一般全部采用进口 1W 大功率 LED 光源，具有寿命长、功耗低、色彩纯正、无污染等显著优点。配合 DMX 512 控制系统能达到多种颜色变化效果。可长期浸没水底工作，防护等级高达 IP68；采用低压直流电源供电，安全可靠；优质不锈钢外壳，美观大方，安全可靠，具有很强的观赏性。材料一般为不锈钢面板，铝灯体，具有防腐蚀能力强、抗冲击力强的优点。并且有很好的防水设计，维修简单、安装方便。

第三节　园路、水景及绿地照明工程施工技术

一、园路照明工程施工技术

（一）园路照明的主要灯具

园路照明的主要灯具是路灯，路灯是城市环境中反映道路特征的道路照明装置，是兼顾装饰与功能的现代灯具。

1. 路灯的构造

路灯主要由光源、灯具、灯柱、基座和基础 5 部分组成。

（1）光源。光源把电能转化为光能。常用的光源有白炽灯、卤钨灯、荧光灯、高压汞灯、高压钠灯和金属卤化物灯。选择光源的基本条件是亮度和色度。

（2）灯具。灯具把光源发出的光根据需要进行分配，如点状照明、局部照明和均匀照明等。对灯具设计的基本要求是配光合理和效率高。

（3）灯柱。灯柱是灯具的支撑物，灯柱的高度和灯具的布光角度（光束角）决定了照射范围。在某些场合下，建筑外墙、门柱也可起到支撑灯具的作用。可以根据环境场所的配光要求来确定灯柱的高度和距离。

（4）基座和基础基座和基础起固定灯柱的作用，并把地下敷设的电缆引入灯柱。有些路灯基座还设有检修口。

由于灯柱所处的环境的不同，对照明方式以及灯具、灯柱和基座的造型、布置等也应提出不同的综合要求。路灯在环境中的作用也反映人们的心理和生理需要，在其不同分类中得到充分的体现。

2. 路灯的类型

（1）低位置路灯这种灯具所处的空间环境，表现一种亲切温馨的气氛，以较小的间距为人们行走的路径照明。埋设于园林地面和嵌设于建筑物入口踏步和墙裙的灯具属于此类。

（2）步行街路灯灯柱的高度为 1 ~ 4m，灯具造型有筒灯、横向展开面灯、球形灯和方向可控式罩灯等。这种路灯一般设置于道路的一侧，可等距离排列，也可自由布置。灯具和灯柱造型突出个性，并注重细部处理，以配合人们在中、近距离的观感。

（3）停车场和干道路灯灯柱的高度为 4 ~ 12m，通常采用较强的光源和较远的距离（10 ~ 50m）。

（4）专用灯和高柱灯专用灯指设置于工厂、仓库、操场、加油站等具有一定规模的区域空间，高度为 6～10m 的照明装置。它的光照范围不局限于交通路面，还包括场所中的相关设施及晚间活动场地。

高柱灯也属于区域照明装置，它的高度为 20～40m，照射范围要比专用灯大得多，一般设置于站前广场、大型停车场、露天体育场、大型展览场地、立交桥等地。在城市环境中，高柱灯具有较强的轴点和地标作用，人们有时称之为灯塔，是恰如其分的。

3. 路灯的设置

（1）在主要园路和环园道路中，同一类型的路灯高度、造型、尺度、布置要连续、整齐，力求统一；在有历史、文化、观光、民俗特点的区域中，光源的选择和路灯的造型要与环境适应，并有其个性。

（2）对园路设置照明灯具时，应注意路旁树木对园路照明的影响，为防止树木遮挡，一般采取适当缩小灯间距，加大光源功率的方法，以补偿树枝遮挡带来的光损失。

（3）园路照明设备在安装、敷设时，应将其布设在游人游览景观的视线之外，以不分散和影响游人的观景视线，宜采用地埋电缆等方式处理。

（4）对主要园路安设灯具时，宜采用低功率的路灯安装在高 3～5m 的灯柱上，柱间距一般以 20～40m 效果较佳，也可以每柱挂两盏灯，当需要提高园林景观区域的照明亮度时，可两盏灯齐明。用隔柱设置灯开关的方法来控制、调整照明。

（5）设置于散步小道或小区的路灯，侧重于造型的统一，显示其特色，即它与附近其他路灯比较，更注重于细部造型处理。而对高柱灯，则注意其整体造型、灯具处理及位置的设置，不必刻意追求细部处理和装饰艺术。

（二）园路照明的布置方式

（1）主路照明。主路是园内大量游人的行进路线，联系园内各个景区、主要风景点和活动设施。有时会通行少量生活与管理用车，宽度一般为 4～10m。其照明采用双侧对称或单侧布置方式，而单侧布置有助于强化轴线，渲染气氛。路灯杆高度为 4～6m，避免形成低矮压抑的感觉。

（2）支路照明。支路是游人由一个景区到另一个景区的通道，联系各个景点。其通常采用庭院灯（主要用于人行步道和庭院的照明）常规照明、间接投光照明。灯高应低于主路灯高，一般为 2.5～3.5m，单排排列或交错排列，灯型应小巧。两侧设有墙体或植有茂密乔灌木的园路，可采用间接投光照明。此优点在于能够减少和消除直射人眼的光，发光柔和自然。

（3）小径照明。小径主要供散步休息，引导游人更深入地到达园内各个角落，宽度为 1.2～2m。在这种小尺度的园路上，照明的重点并不是给人以清晰的面部视觉，而是保留一定的黑暗。其目的是使游人放松精神，减少视觉疲劳，感受真实夜色。因此小径适宜采用间接投光、小功率埋地灯、低矮柱草坪灯或者不设照明，严格控制眩光。

（三）园路照明的施工流程

1. 园路照明准备工作

（1）熟悉景观照明平面图、电气系统图及设计图的施工说明；熟悉有关施工规范，以保证安装工程符合规范要求。

（2）一般工具、材料、机具、仪器及仪表准备完成。

（3）施工场地具备施工条件。

2. 园路照明预留预埋

（1）所有配管工程必须以设计图纸为依据，严格按图施工，不得随意改变管材材质、设计走向、连接位置，如果须改变位置走向的，应办理有关变更手续。

（2）暗配管应沿最近的路线敷设，可与土建施工交叉配合进行。

（3）箱盒预埋采用做木模的方法，具体做法是：在模板上先固定木模块，然后将箱、盒扣在木模块上，拆模后预埋的箱盒整齐美观，不会发生偏移。

3. 园路照明电缆敷设

（1）所有线路均由照明箱引出埋地穿管暗装敷设，其做法应按国家规范要求执行；线路横穿道路部分应穿钢管敷设。

（2）电缆敷设前应对电缆进行详细检查，规格、型号、截面电压等级均要符合设计要求，外观无扭曲、损坏现象，并进行绝缘遥测或耐压试验。

（1）电缆盘选择时，应考虑实际长度是否与敷设长度相符，并绘制电缆排列图，减少电缆交叉。

（2）敷设电缆时，按先大后小、先长后短的原则进行，排列在底层的先敷设。

（3）埋设沿途路径应设电缆敷设方位标志，以起到保护警示作用。

4. 园路照明基础施工

（1）根据路灯安装施工图及道路中心线和参考点等，确定路灯安装位置及基础高度。

（2）按规范要求施工，基础深度允许偏差值不大于 +100mm、−50mm。

（3）施工时基础坑底须加 10cm 渣石，混凝土为商品混凝土 C20。

（4）每个路灯基础配地脚螺栓（M30×4）埋入混凝土中，螺丝端露出地面 70mm，基础法兰螺栓中心分布直径应与灯杆底座法兰孔中心分布直径一致。螺栓应采用双螺母和弹簧垫。

（5）浇筑基础前必须先排出坑内积水，所支的基础模板尺寸、位置符合要求。PVC 管进、出线管位于基础中心，高出路灯基础面 30～50mm。

5. 园路照明灯具安装

（1）安装好灯杆组件，然后利用起重机将灯杆吊起到基础的上方，缓缓下降至适当高度，调整灯杆，使灯杆底座的螺栓孔穿过基础上的地脚螺栓，并使电源电缆穿进灯杆至接线盒处，放下并扶正灯杆，将灯杆与底座固定牢固。

（2）根据厂家提供的安装灯具组件说明书及组装图，认真核对紧固件、连接件及其他附件。

（3）根据说明书穿各分支回路的绝缘电线。

（4）接地接零保护。

6. 园路照明试运行检查

试运行时首先通电，通电后应仔细检查和巡视，检查灯具的控制是否灵活、准确，电器元件是否正常，如果发现问题必须先断电；其次，查找原因进行修复。

二、水景照明工程施工技术

（一）水景照明基本内容

园林景观中的喷泉、喷水池、瀑布、水幕等水景是泛光照明的重点对象。由于这些水景是动态的，若配以音乐尤为动人。

（1）喷泉照明。喷泉的形式各种各样，其照明设计与置设要点如下：

1）应确定喷泉的哪部分需要照明，是水还是构筑物，并掌握喷泉周围照明的视觉形状和类型。如果需要色彩，那么其他的照明决不能过亮或减弱色彩效果。

2）设计之前，必须明确喷泉或水体演示系统的构造，包括喷射口的数量、水的图示效果以及每种效果的几何尺寸。

3）设置照明设备时，应考虑几个因素，包括临界角、视角，以及设备是在水面上还是水面下。安装设备时，确定照明设备投射方向以便光源不被直接看到或由于反射或折射被间接看到。

4）充满气体的水体应当从下部照亮，光滑水体应当从前部照亮。需要保证喷泉的照明效果从所有方向都是可见的。当单独的喷射口用于创造垂直向上的构图时，最少使用两只灯具。当更多的喷射口用于产生水柱时，每个喷头下面只要需要一只灯。

5）喷泉的灯最好布置在喷出的水柱旁边，或在水落下的地方，也可两处均有。

6）喷泉照明设备必须防水并得到水下安装许可。不安装在水中的设备可以安装在树、附近的建筑物、喷泉周围的地面上，或安装在喷泉的构筑物上，注意经常维护和检查，这种方式可能没有埋设灯具效果显著，但是比较实用、经济。

（2）静水与湖的照明。所有静水或慢速流动的水，比如水槽内的水、池塘、湖或缓慢流动的河水，其镜面效果是令人十分感兴趣的。所以只要照射河岸边的景象，必将在水面上反射出令人神往的景象，分外具有吸引力。

对岸上引人注目的物体或者伸出水面的物体（如斜倚着的树木等），都可用浸在水下的投光灯具来照明。

对由于风等原因而使水面汹涌翻滚的景象，可以通过岸上的投光灯具直接照射水面来得到令人感兴趣的动态效果。此时的反射光不再均匀，照明提供的是一系列不同亮度区域中呈连续变化的水的形状。

（3）水幕或瀑布的照明。水幕或瀑布的照明灯具应装在水流下落处的底部，灯的光通量输出取决于瀑布落下的高度和水幕的厚度等因素，也与流出口的形状所造成的水幕散开程度有关，踏步或水幕的水流慢且落差小，须在每个踏步处设置管状的灯。线状光源（荧光灯、线状的卤素白炽灯等）最适合于这类情形。

由于下落水的重量与冲击力，可能冲坏投光灯具的调节角度和排列，所以必须牢固地将灯具固定在水槽的墙壁上或加重灯具。

（二）水景工程的施工流程

1. 水景工程施工准备

施工现场调查，解决临电、施工照明、材料堆放地及土建预留预埋等问题；审核设计图纸并与现场核实；组织作业班组的人力、机具进场，进行技术交底，安全交底；材料、设备供应满足开工要求。

2. 水景工程测量定位

根据设计图纸结合施工现场进行测量定位，如有偏差做适当调整。

3. 水景工程暗管敷设

所有线路均由配电柜引出埋地穿 PVC 管暗装敷设，且要设置漏电保护装置。

4. 水景工程管内穿线

电源线要通过护缆塑管由池底接到安装灯具的地方，同时在水下安装接线盒，电源线的一端与水下接线盒直接相连，灯具的电缆穿进接线盒的输出孔并加以密封。

管内穿线前，管路必须清扫，并检查各个管口的护口是否齐整。在管路较长或转弯较多时，要在穿线的同时，往管内吹入适量的滑石粉。穿线时，同一交流回路的导线必须穿于同一管内，不同回路的导线，不得穿入同一管内。导线在变形缝处，补偿装置应活动自如，导线应留有一定的余度。

导线的连接应使导线接头不增加电阻值，受力导线不能降低原来机械强度及绝缘强度。

照明分支线接口工艺采用铰接并焊锡，绝缘包扎采用自黏带包扎再加塑料护套，电线接头均在接线盒内密封处理。

导线敷设完毕后核对并遥测有无错误，无误的在导线两端系好标牌，并将临时白布带取掉，核对的方法用万用表及电话机核对，相间绝缘电阻不小于 $1M\Omega$。最后检查导线敷设有无其他不妥，发现后马上处理，然后将管口用防火材料密封好。

5. 水景工程灯具安装

灯具运到现场首先检查外形及绝缘有否损伤，数量、型号、附件是否与设计相符，灯具配线必须符合施工图要求。

须组装的灯具，应按说明书及示意图，确定出线和走线的位置，并预留足够的出线头或接线端子。组装时注意不要刮伤、碰损灯具外表，灯具和各元件应安装平整、牢固。

安装灯具前，必须先确定安装基准点，以合理光照强度及美观、整齐为原则。灯具金属外壳必须与 PE 线可靠连接。照明灯具应密封防水。

灯具配线时，首先核对线径相数、回路数、起止位置及回路标号，根据照明回路的导线类型，制作导线分接头，导线穿管后引到接线盒内，与灯具对应，并用金属软管做线头保护套。

6. 水景工程接地保护

所有电气设备及电气线路在正常情况下，不带电的金属外壳均应按规程接地；保证灯具配管、接线盒、灯具支架的可靠接地。

7. 水景工程联动调试

电气照明器具应以系统进行试电运行，系统内的全部照明灯具均得开启，同时投入运行，运行时间为 24h。

三、绿地照明工程施工技术

（一）绿地配电线路布置

1. 绿地电力的来源

公园绿地的电力来源，常见的有以下方面：

（1）借用就近现有的变压器，但必须注意该变压器的多余容量是否能满足新增园林绿地中各用电设施的需要，且变压器的安装地点与公园绿地用电中心之间的距离不宜太长。一般中小型公园绿地的电源供给常采用此法。

（2）利用附近的高压电力网，向供电局申请安装供电变压器，一般用电量较大（70～80 kW）的公园绿地采用此种方式供电。

（3）如果公园绿地（特别是风景点、区）离现有电源太远或当地电源供电能力不足时，可自行设立小发电站或发电机组以满足需要。

一般情况下，当公园绿地独立设置变压器时，须向电力部门申请安装变压器。在选择地点时，应尽量靠近高压电源，以减少高压进线的长度。同时，应尽量设在负荷中心或发展负荷中心。

2. 配电线路的布置

（1）线路敷设形式。线路敷设可分为架空线和地下电缆两类。架空线工程简单，投资费用少，易于检修，但影响景观，妨碍种植，安全性差；而地下电缆的优缺点正与架空线相反。目前在公园绿地中都尽量地采用地下电缆，尽管它一次性投资较大，但从长远的观点和发挥园林功能的角度出发，还是经济合理的。

（2）线路组成。

1）变电所对于一些大型公园、游乐场、风景区等，其用电负荷大，常需要独立设置变电所，其主接线可根据其变压器的容量进行选择，具体设计应由电力部门的专业电气人员设计。

2）变压器——干线供电系统。

对于中、小型园林而言，常常不需要设置单独的变压器，而是由附近的变电所、变压器通过低压配电盘直接由一路或几路电缆供给。当低压供电线采用放射式系统时，照明供电线可由低压配电屏引出。

对于中、小型园林，常在进园电源的首端设置干线配电板，并配备进线开关、电度表以及各出线支路，以控制全园用电。动力、照明电源一般单独设回路，仅对于远离电源的单独小型建筑物才考虑照明和动力合用供电线路。

在低压配电屏的每条回路供电干线上所连接的照明配电箱，一般不超过 3 个。每个用电点（如建筑物）进线处应装刀开关和熔断器。

一般园内道路照明可设在警卫室等处进行控制，道路照明各回路有保护处理，灯具也可单独加熔断器进行保护。

大型游乐场的一些动力设施应有专门的动力供电系统，并有相应的措施保证安全、可靠供电，以保证游人的生命安全。

（3）照明网络一般用 380/220V 中性点接地的三相四线制系统，灯用电压 220V。

（二）绿地照明的施工流程

1. 绿地照明施工准备

（1）技术准备：由专业技术负责人和技术员认真研究图纸，编制安装施工方案，并组织所有施工人员熟悉图纸。

（2）材料准备：原材料必须保证质量，订货时选择正规厂家名牌产品，并核对其生产许可证、质量检验报告；认证证书。材料进场时，核对品牌、规格、数量、质量，并对其进行抽检，安装前逐一检查，确保质量。对不合格的产品，随时发现随时用合格产品替换。

2. 绿地照明确定电源供给点

工程小区水果吧房内设置一动力配电柜作为电源，设计负荷考虑 250kW，电源由附近的兰苑配电站引入，预埋两根 DN100 钢管作为电源进线管。

3. 绿地照明线路布置

（1）配电箱安装。本小区内照明控制方式采用集中控制，在管理室内设置 3 个照明配电箱。配电箱应由专门技术人员进行安装，安装过程中应注意安全。

（2）钢管敷设。钢管的壁厚均匀、焊缝均匀、无裂缝、砂眼、棱刺和凹扁现象。除镀锌钢管外，其他管材须预先除锈，管内刷防腐锈。镀锌管和刷过防锈漆的钢管外表完整无剥落现象，所有钢管应有产品合格证，并有供应商的加盖红章。

基本要求：暗配的电线管路宜沿最近的路线敷设并应减少弯曲。

接线盒在预埋时应测定盒、箱的位置，根据设计图的要求确定盒、箱轴线位置。对盒、箱开孔应整齐，并与管径相吻合，并要求一管一孔，不得开长孔。铁制盒、箱严禁用电、气焊开孔，开孔处的边沿应刷防锈漆。

在钢管施工过程中，管子的连接应紧密，管口光滑，护口应齐全，管子进入盒、箱应排列整齐，管子弯曲处无明显折皱，在管子焊接处防腐处理完整，钢管暗敷设在地面内，保护层应大于 15mm。管子进入盒、箱外顺直，管子在盒、箱内露出的长度应小于 5mm。管子用锁紧螺母固定管口，管子露出锁紧螺母的螺纹为 2～4 扣。管路穿过变形缝处应有补偿装置，要求补偿装置活动自如，穿过建筑物和设备基础处应加保护管。

（3）电缆敷设。本工程所使用的室外电力电缆的规格、型号及电压等级全部应符合设计要求，并应有产品合格证。本工程电缆进线由兰苑配电站引出埋地沿电缆沟敷设并穿墙引入室内，穿墙套管采用 SC150 的钢管，然后沿电缆桥架敷设至配电室。所有电缆的两端应加标志牌，应注明电缆编号、规格、型号及电压等级。标志牌注明供电设备方向。

（4）管内穿线。绝缘导线的规格、型号必须符合设计要求并有产品合格证。

穿线之前应先把带线穿入，目的是检查管路是否通畅，管路的走向及盒箱的位置是否符合设计及施工图的要求。导线根数较少时可将导线前端的绝缘层削去，然后将导线芯直接插入带线的盘圈内并折四压实，绑扎牢固，使绑扎处形成一个平滑的锥形过渡部位。导线根数较多或导线截面较大时，可将导线前端的绝缘层削去，然后将线芯斜错排列在带线上，用绑扎线缠绕，绑扎牢固，使绑扎接头处形成一个平滑的锥形过渡部位，便于穿线。

4. 绿地照明灯具安装

工程安装的所有各型号灯具的规格必须符合设计要求和国家标准的规定。灯具配件齐全，无机械损伤、变形、油漆剥落、灯罩破裂、灯箱歪翘等现象。所有灯具应有产品合格证。按照技术说明为灯具安装配套光源和其他必要附件，达到安全、完整，保证灯具正常工作。

5. 绿地照明联动调试

全部照明灯具通电运行开始后，要及时测量系统的电源电压及负荷电流，并做好记录。

参考文献

[1] 王振 . 江南古典园林装饰设计方法研究 [D]. 南京 : 南京艺术学院 ,2019:3-4.

[2] 徐欢 . 城市园林绿化项目中水景工程施工技术探究 [J]. 绿色环保建材 ,2021(01):183-184.

[3] 张青琳 . 植物造景在园林景观设计中的应用探讨 [J]. 居舍 ,2022(18):124-127.

[4] 韩明明 . 单井管线建设土方工程施工技术探析 [J]. 当代化工研究 ,2022(01):186-188.

[5] 李宝燕 . 改善道路灰土基层土质塑性指数的研究与探讨 [J]. 城市道桥与防洪 ,2007(11):24-27+14.

[6] 杨莹 , 张晓燕 . 探究城市广场的生态化设计 [J]. 设计 ,2022,35(04):123-125.

[7] 刘阳阳 , 田朝阳 . 江南园林建筑意境营造方式探究 [J]. 林业调查规划 ,2022,47(01):183-189.

[8] 王晨 , 王道才 . 浅谈灵璧石 [J]. 艺术品 ,2018(01):44-49.

[9] 聂志萍 , 吴梦芝 , 马海良 . 基于 IMDI 和脱钩理论的我国生活用水影响因素研究 [J]. 水利经济 ,2019,37(05):11-15+26+77.

[10] 张华锋 . 浅谈城镇给排水管道沟槽回填的技术要点 [J]. 建材与装饰 ,2018(18):6-7.

[11] 华坤 , 彭益成 , 陈轩 , 等 . 独立式避雷针风振响应分析及结构优化 [J]. 建筑结构 ,2021,51(S1):1789-1793.

[12] 刘晓英 , 徐志刚 , 焦学磊 , 等 . 植物照明的研究和应用现状及发展策略 [J]. 照明工程学报 ,2013,24(04):1-7.

[13] 徐振 . 园林工程教学中 GIS 的应用 [J]. 中国园林 ,2008,24(4):89-94.

[14] 孔维喜 , 钱坤建 , 汪国鲜 , 等 . 工程概预算在园林工程中的应用 [J]. 西南农业学报 ,2006,19(z1):254-257.

[15] 肖海苏 , 胡希军 . 园林工程项目的风险管理研究 [J]. 北方园艺 ,2007(4):78-80.

[16] 唐春梅 , 王凤岐 . 园林工程建设的现状及应用前景 [J]. 安徽农业科学 ,2007,35(12):3530,3532.

[17] 卜卫东 , 朱能武 , 冯光澍 . 新技术、新工艺在园林工程中的应用 [J]. 安徽农业科

学 ,2012,40(25):12619-12620,12697.

[18]陈志明 ,仲童强 ,杜汶峰 .园林工程进度计划编制方法研究 [J].安徽农业科学 ,2008,36(34):14960-14962,14984.

[19]王大中 ,李秋梅 ,王艳 ,等 .城市园林工程中的水土保持措施 [J].水土保持研究 ,2007,14(6):77-78.

[20]梁宝富 .园林工程施工组织设计之编写及应用 [J].中国园林 ,2006,22(6):89-91.

[21]张立均 .园林设计对园林工程造价的有效控制分析 [J].福建茶叶 ,2019,41(10):113-114.

[22]王坚 ,林冬青 .大型园林工程设计进度管理方法研究 [J].北方园艺 ,2010(9):244-246.

[23]张晓莹 .浅述园林工程施工阶段对工程造价的控制 [J].福建林业科技 ,2006,33(1):200-202.

[24]吴桂昌 ,黄德斌 ,何衍平 .论园林工程技术管理与境外设计落地 [J].中国园林 ,2010,26(7):54-56.

[25]董则奉 .BIM 技术在园林工程中的运用——以上海迪士尼 1.5 期为例 [J].中国园林 ,2019,35(3):116-119.

[26]林广思 .风景园林工程建设项目可行性研究编制概述 [J].中国园林 ,2010,26(3):81-84.

[27]樊松丽 ,李梅 .园林工程项目施工进度管理研究 [J].福建林业科技 ,2013(4):174-176.

[28]傅志吉 .园林工程用乔木的成本核算 [J].财会研究 ,2019(5):49-51.

[29]李雅文 ,汪霞 .园林工程项目设计阶段造价控制研究 [J].福建林业科技 ,2014(2):228-230.

[30]侯杰 .园林工程建设苗木的政府采购 [J].中国园林 ,2003,19(10):61-62.

[31]陈晓刚 ,袁波 ,朱小刚 .风景园林工程土方测量方法比较分析 [J].测绘通报 ,2016(12):81-85,130.

[32]郑芳 ,王春弘 ,罗彩云 ,等 .园林工程中大树移植技术的探讨与实践 [J].安徽农业科学 ,2007,35(11):3229-3230,3232.

[33]毛君竹 ,郑卫国 ,王定跃 ,等 .土壤种子库在生态园林工程中的应用潜力研究 [J].中国园林 ,2020,36(9):122-126.

[34]邹玉萍 ,孙卫国 .多元线性回归在风景园林项目工程限额设计中的应用 [J].中国园林 ,2021,37(6):87-92.

[35]何素琳 .城市园林工程项目招投标中的问题探讨 [J].价格月刊 ,2005(12):95-96.

[36]彭辉 ,杨文悦 ,罗承 .上海园林绿化工程监管的探索与发展研究 [J].中国园

林,2021,37(9):18-21.

[37]杨占辉.项目管理在园林景观工程中的应用[J].安徽农业科学,2020,48(17):136-138.